Bibliografische Information der Deutschen Nationalbibliothek:

Die Deutsche Bibliothek verzeichnet diese Publikation in der Deutschen Nationalbibliografie; detaillierte bibliografische Daten sind im Internet über http://dnb.d-nb.de/ abrufbar.

Impressum:

Druck und Bindung: Books on Demand GmbH, Norderstedt Germany
ISBN: 9783668683433

Dieses Buch bei GRIN:

https://www.grin.com/document/419746

Claudia von Possel

Vergleichende Analyse verschiedener Techniken zur Messung der menschlichen Körperkerntemperatur. Messwertniveaus und Seitenunterschiede

GRIN Verlag

Christian-Albrechts-Universität zu Kiel
Mathematisch-Naturwissenschaftliche Fakultät
Zoologisches Institut
Abteilung für Humanbiologie

Bachelorarbeit

vorgelegt von
Claudia von Possel

Vergleichende Analyse verschiedener Techniken zur Messung der menschlichen Körperkerntemperatur: Messwertniveaus und Seitenunterschiede.

Januar 2012

Inhaltsverzeichnis

Abkürzungsverzeichnis

BMI:	Body-Mass-Index
KKT:	Körperkerntemperatur
o.A.	ohne Angabe
P:	Irrtumswahrscheinlichkeit
SCN:	Nucleus suprachiasmaticus
SD:	Standardabweichung

Tabellenverzeichnis

Abbildungsverzeichnis

1 Einleitung

1.1 Wärmehaushalt und Thermoregulation des Menschen

Der Mensch gehört zu den homoiothermen (gleichwarmen) Lebewesen, welche ihre Körperkerntemperatur (im Folgenden durch KKT abgekürzt) unabhängig von wechselnden Umgebungstemperaturen auf einem relativ hohen Niveau konstant halten (Mekjavic & Eiken 2006). Dies dient der Aufrechterhaltung physiologischer Prozesse trotz wechselnder Lufttemperaturen. Gegenüber dem Körperinneren jedoch ist die Körperschale eher als poikilotherm (wechselwarm) anzusehen (Schmidt 2001).

Wie aus Abbildung 1 zu ersehen ist, kennzeichnen Körperkern und Körperschale folglich das Temperaturfeld des menschlichen Körpers.

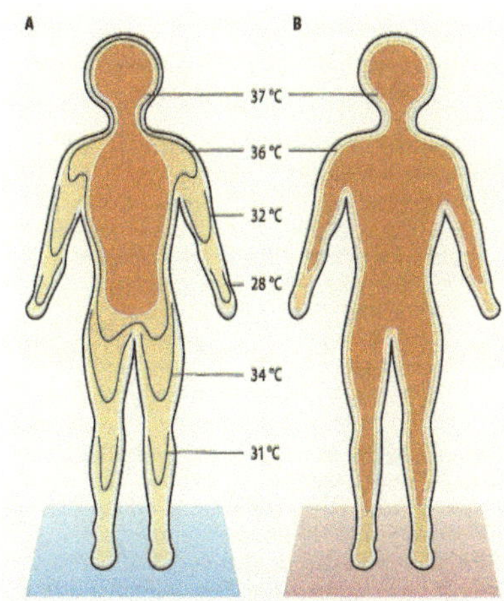

Abbildung 1. Temperatur des Körperkerns und der Körperschale nach längerem Aufenthalt in unterschiedlichen Umgebungstemperaturen (A: 20°C und B: 35°C). (Quelle: Schmidt & Lang, 2007, S. 914)

Der Körperkern umfasst das Gehirn und die inneren Organe der Brust- und Bauchhöhle. In diesem Bereich wird die Temperatur weitgehend konstant auf einem Niveau von etwa 37°C gehalten. Zur Körperschale, in der die Temperatur je nach Umgebungstemperatur stark variiert, gehören die Haut und die Extremitäten (Klinke & Silbernagl 2003). Um eine Konstanthaltung der KKT zu gewährleisten, muss eine ausgeglichene Wärmebilanz herrschen. Folglich ist es nötig, dass die Summe aus Wärmeproduktion und Wärmeaufnahme der Wärmeabgabe entspricht (Mekjavic & Eiken 2006). Im Falle einer kühlen Lufttemperatur von 20°C (Abbildung 1, A) wird die Wärmeabgabe gedrosselt, indem sich der Bereich der Körperschale vergrößert und der des Körperkerns in Folge dessen verkleinert. Die Durchblutung der Haut und der Extremitäten wird abgeschwächt (Vasokonstriktion), wodurch die Temperatur der Körperschale mit zunehmendem Abstand vom Körperkern abnimmt. So dienen die Isothermen (Grenzen von Bereichen mit gleicher Körperwärme) der Isolierung des Körperinneren. Der gegenteilige Prozess spielt sich im Falle einer warmen Umgebungstemperatur von 35°C ab (Abbildung 1, B). Um möglichst viel Wärme abzugeben, vergrößert sich der Anteil des Körperkerns, während die Körperschale lediglich auf die äußere Haut beschränkt ist. Die Gefäße in den Extremitäten erweitern sich (Vasodilatation), wodurch der innere Wärmestrom in Richtung Körperperipherie erhöht wird (Silbernagl & Despopoulos 2003).

Abbildung 2 zeigt, wie sehr die Temperatur der Körperschale bei wechselnder Umgebungstemperatur schwankt und wie die KKT bei gleichen Bedingungen weitgehend auf einem Niveau konstant bleibt.

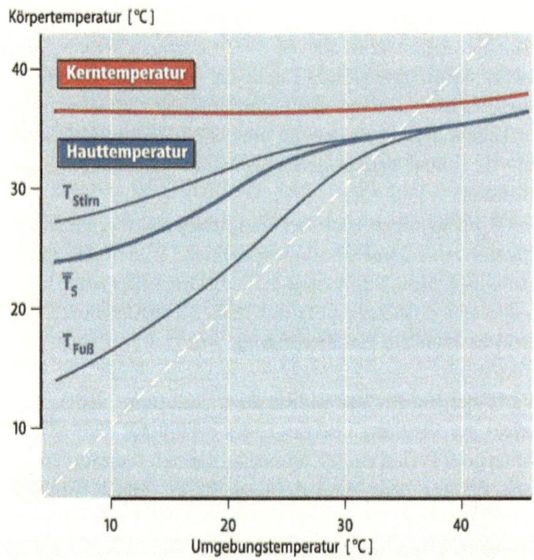

Abbildung 2. Regionale Körpertemperaturen in Abhängigkeit von der Umgebungstemperatur. Schematische Darstellung der Kerntemperatur (rot), der mittleren Hauttemperatur (Ts) und zweier einzelner Hauttemperaturen (jeweils blau).
(Quelle: Schmidt & Lang, 2007, S. 920)

Neben der Methode wechselnder Anteile von Körperkern und Körperschale hat der menschliche Körper außerdem noch weitere Mechanismen zur Thermoregulation entwickelt. Bei sinkender Lufttemperatur wird die Wärmeproduktion zum Beispiel durch Kältezittern (rhythmische Muskelkontraktionen) oder willkürliche Muskelbewegungen erhöht (Rintamäki 2007). Damit ist eine Wärmebildung möglich, die das 3- bis 5-fache des Grundumsatzes beträgt (Schmidt & Lang 2007). Kältezittern gilt für den erwachsenen Menschen als einzige Methode, um unwillkürlich Wärme zu erzeugen. Bei weiter sinkenden Umgebungstemperaturen bleibt ihm nur die Thermoregulation über sein eigenes Verhalten (z.B. Kleidung, Heizen von Räumen) (Silbernagl & Despopoulos 2003).
Bei erhöhter Lufttemperatur kann der Mensch die Wärmeabgabe zum Beispiel durch vermehrte Schweißsekretion (evaporative Wärmeabgabe) steigern (Mekjavic & Eiken 2006). Durch die entstehende Verdunstungskälte wird die Hautoberfläche gekühlt. Somit wird ein Temperaturgefälle zwischen Körperkern und Körperschale geschaffen, welches wiederum dem inneren Wärmestrom dient (Silbernagl & Despopolous 2003). Das Verhalten des Menschen kann, z.B. in Form von Kleidung oder Aufenthalt im Schatten, auch in diesem Fall wieder ein Mittel zur Thermoregulation sein.
Als optimale Umgebungstemperatur, bei der weder aktiv Wärme produziert noch abgegeben werden muss, gilt die thermoneutrale Zone (Mekjavic & Eiken 2006). Sie liegt ein einem schmalen Temperaturbereich, der auch als Behaglichkeitstemperaturbereich bezeichnet wird, und liegt für den unbekleideten Menschen bei etwa 27°C (Rintamäki 2007) und für den bekleideten Menschen je nach Kleidungsdicke bei etwa 20-22°C (Schmidt & Lang 2007).

1.1.1 Messung der Körpertemperatur

Zur Messung der Körpertemperatur gibt es unterschiedliche Methoden, die grob in invasive und nicht-invasive Methoden eingeteilt werden können. Erstere finden hauptsächlich im Klinikbetrieb Gebrauch, während nicht-invasive Temperaturmessmethoden im Hausgebrauch angebrachter sind (Crawford *et al.* 2006).
Im Rahmen dieser Arbeit werden die nicht-invasiven Messmethoden genauer untersucht, zu denen das Messen der Sublingualtemperatur, der Tympanaltemperatur und der Axillartemperatur gehört. Bei allen dieser Methoden steht zur Diskussion, inwieweit sie tatsächlich die KKT darstellen oder von dieser abweichende Werte liefern. Diese Fragestellung und außerdem die Problematik, ob es einen Seitenunterschied zwischen linker und rechter Messung zu beobachten gibt, wurde vielfach diskutiert und in zahlreichen Studien untersucht (Einzelheiten s. Kap. 1.3).

1.1.2 Regelkreis der Thermoregulation

Die Thermoregulation kann in einem Regelkreisschema nach dem Prinzip der negativen Rückkopplung und mit technischen Begriffen beschrieben werden. Abbildung 3 dient als schematische Darstellung eines solchen Regelkreises der Thermoregulation. Die Regelgröße des Systems ist die KKT. Als Messfühler fungieren Thermosensoren des Körperinneren (z.B. vorderer Hypothalamus, Rückenmark). Sie registrieren den Istwert der KKT und leiten ihn über afferente Bahnen an das thermoregulatorische Zentrum weiter, welches sich im hinteren Hypothalamus befindet. Hier wird der Istwert mit einem Sollwert verglichen und eine Reaktion auf eine eventuelle Differenz ausgelöst. Eine Differenz zwischen Ist- und Sollwert ergibt eine Regelabweichung, welche wiederum über Steuersignale die Stellglieder aktiviert. Es gilt, dass die Aktivität der Stellglieder proportional zur Regelabweichung ist (Klinke & Silbernagl 2003, Penzlin 2005). Die Stellglieder wirken nun über die oben genannten Mechanismen (Kältezittern, Schweißsekretion,...) den inneren Störgrößen, wie z.B. körperliche Arbeit, oder äußeren Störgrößen, wie Kälte und Hitze, entgegen (Prinzip der negativen Rückkopplung) und begrenzen so die Abweichungen des Istwertes vom Sollwert (Mekjaciv & Eiken 2006).

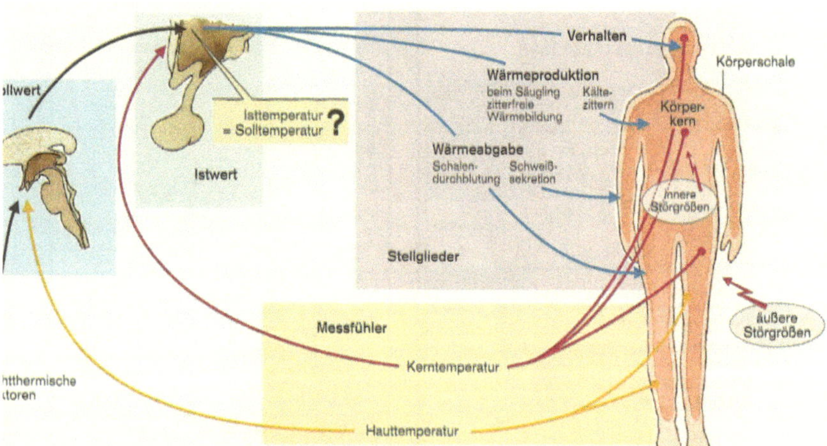

Abbildung 3. Regelkreis der Thermoregulation.
(Quelle: Klinke & Silbernagl, 2003, S. 383)

Neben der inneren Thermosensoren spielen auch in der Haut lokalisierte (kutane) Thermosensoren eine Rolle bei der Temperaturregulation. Sie messen die Temperatur der Körperschale und senden diese Information an das thermoregulatorische Zentrum. Diese Signale haben eine Sollwertverstellung zur Folge, welche trotz unverändertem Istwert des

Kerns ebenfalls zu einer Regelabweichung führt. Auch auf diesem Wege kann also die KKT reguliert werden (Klinke & Silbernagl 2003, Mekjavic & Eiken 2006).

Der Sollwert der KKT ist keineswegs konstant. Er unterliegt nichtthermischen Faktoren, wie zum Beispiel einem circadianen Rhythmus, der durch äußere Zeitgeber wie dem Hell-Dunkel-Wechsel mit der Ortszeit synchronisiert wird (Kelly 2006). Die Periodik entspricht ungefähr (circa) der natürlichen Dauer eines Tages (lat.: *dies*). (Genauere Informationen zur circadianen Temperaturrhythmik sollen im Kapitel 1.2 gegeben werden.) Eine weitere Ursache für eine Sollwertverstellung sind z.B. Hormone. So erhöht sich das Temperaturniveau in der zweiten Zyklushälfte einer Frau um ca. 0,4°C gegenüber der ersten Zyklushälfte (Baker *et al.* 2001). Weitere Einflussfaktoren auf den Sollwert der KKT sind körperliche Arbeit und Krankheiten, z.B. Fieber. Des Weiteren ist die KKT abhängig vom Alter, Geschlecht (Crawford *et al.* 2006), von der Fitness (Kelly 2006) und von Medikamenten (Crawford *et al.* 2006).

1.2 Circadiane Rhythmik der Körperkerntemperatur

Die KKT durchläuft einen typischen Tagesgang, der endogenen Rhythmusgeneratoren (inneren Oszillatoren) im Zentralnervensystem zugrunde liegen. Eine besonders wichtige Rolle kommt dabei vor allem der obersten Steuereinheit im paarigen *Nucleus suprachiasmaticus* (SCN) des vorderen Hypothalamus zu (Schmidt & Lang 2007). Im SCN lokalisierte Neuronen, deren Membranstruktur die Membranleitfähigkeit rhythmisch verändert, wodurch die Entladungsraten periodisch angeordnet werden, steuern die circadiane Periodik von Schlafen und Wachen sowie viele damit verbundene Rhythmen des Menschen, wie zum Beispiel den Rhythmus der KKT (Colwell 2011). Die endogene circadiane Periode beträgt 24-25 Stunden. Nur bei völliger Isolierung von der Umwelt läuft sie freilaufend (ungestört) ab, wodurch sie durchaus auch von dieser Dauer abweichende Längen erreichen kann (Czeisler *et al.* 1999). Externe Zeitgeber, zu denen vor allem der Hell-Dunkel-Wechsel und soziale Faktoren gehören, synchronisieren die inneren Uhren auf den exakten Tagesablauf von 24 Stunden (Kelly 2006). Wie in Abbildung 4 dargestellt, weist der Verlauf der KKT dadurch einen typischen 24-Stunden-Rhythmus auf. In der Nacht bzw. in den frühen Morgenstunden erreicht der Verlauf sein Minimum, das ca. 0,8-1,0°C unter dem Maximum am späten Nachmittag bis frühen Abend liegt (Del Bene 1990, Baker *et al.* 2001).

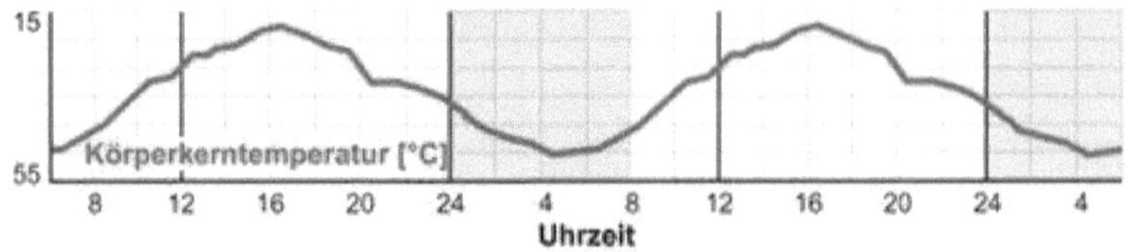

Abbildung 4. Körperkerntemperatur des Menschen im Tagesverlauf.
(verändert nach Vandahl *et al.* [URL 1])

1.3 Aktueller Stand der Forschung

Die unterschiedlichen Methoden zur Messung der KKT wurden bereits in mehreren Studien auf Zuverlässigkeit und Genauigkeit untersucht und etwaige Unterschiede beschrieben. Des Weiteren wurde in einigen Forschungsarbeiten ebenso ein Vergleich zwischen den Temperaturmessungen auf rechter und linker Körperseite angestellt. Im Folgenden sollen die Erkenntnisse aus diesen wissenschaftlichen Arbeiten dargelegt werden.

1.3.1 Aktueller Forschungsstand der oralen Thermometrie

Die orale Thermometrie wurde vielfach an gesunden Erwachsenen untersucht. Beispielsweise Kelly (2006) parallelisierte in seinen Forschungen die orale Temperaturmessung und die rektale Thermometrie. Letztere gilt neben der Ösophagustemperatur, der Temperatur der Pulmonalarterie und der Blase häufig als Referenzmethode zur Messung der KKT und wird als sehr zuverlässig angesehen. Die Studie von Kelly (2006) ergab, dass sich die beiden Temperaturmessmethoden in vielfacher Weise gleichen, die Werte der oralen Messungen jedoch generell niedriger als die der rektalen Messungen liegen. Auch Lawson *et al.* (2007) kam zu dem Ergebnis, dass die orale Thermometrie mit der Messung der Temperatur der Pulmonalarterie insofern gleichzusetzen sei, als sie beide sehr genaue und zuverlässige Messungen liefern. In den Forschungen von Calonder *et al.* (2010) wurde die orale Temperatur mit der Ösophagustemperatur verglichen. Die Untersuchungen ergaben zwar einen signifikanten Unterschied von < 0,4°C, jedoch könne die orale Themometrie dennoch als klinisch akzeptable Messmethode zur Bestimmung der KKT angesehen werden.

Langham *et al.* (2009) bestätigt die oben genannten Erkenntnisse, indem sie für postoperative Zwecke unter anderem die orale Temperaturmessmethode befürworten, die die Blasentemperatur, welche als Referenz diente, am ehesten widerspiegelt.

Zahlreiche Studien beschäftigten sich außerdem mit der oralen Thermometrie in Zusammenhang mit febrilen Patienten (Jefferies *et al.* 2011, Jensen *et al.* 1994, Gerber 2006,

Hooper & Andrews 2006, Mangat *et al.* 2010), wobei keine Einstimmigkeit herrscht. Während Jefferies *et al.* (2011), Gerber (2006) und Hooper & Andrews (2006) die orale Temperaturmessmethode bei kranken Erwachsenen befürworten und für empfehlenswert beurteilen, folgerten Jensen *et al.* (1994) aus ihren Untersuchungen, dass die rektale Messung der oralen bei Fieber vorgezogen werden sollte. Auch Mangat *et al.* (2010) hinterfragten die orale Thermometrie bei Fiebererkrankungen und stellten sehr variable Werte fest.

1.3.2 Aktueller Forschungsstand der tympanalen Thermometrie

Die Untersuchungen der tympanalen Thermometrie an gesunden Erwachsenen kamen zu kontroversen Ergebnissen. Zu den Befürwortern gehören beispielsweise Bock *et al.* (2005), die herausfanden, dass die tympanale Methode eine klinisch nützliche Alternative zur Messung der Temperatur der Pulmonalarterie darstellt. Die Studie von Erickson und Kirklin (1993) ergab dagegen eine eingeschränkte Befürwortung der tympanalen Temperaturmessmethode. Obwohl sie eine relativ gleiche Temperatur bestimmte wie die der Pulmonalarterie, wiesen die Messungen der tympanalen Methode mehr Variabilität auf als zum Beispiel die oralen Messungen oder die der Blase.

Die tympanale Thermometrie wurde auch im pädiatrischen Bereich oder an febrilen Patienten untersucht. Montoya-Cabrera *et al.* (1998) und El Radhi und Barry (2006) beobachteten an kranken Kindern, dass die Werte der tympanalen Messmethode mit denen der rektalen Messung bzw. mit der Temperatur der Pulmonalarterie übereinstimmen. Somit schlussfolgerten sie, dass die tympanale Thermometrie zumindest für pädiatrische Zwecke, vor allem für Kinder unter 6 Jahren, geeignet sei. Außerdem reagiere die tympanale Messmethode sensibler auf rektales Fieber als andere nicht-invasive Techniken. Jefferies *et al.* (2011), die ihre Studie an febrilen Erwachsenen durchführten, empfehlen für die Untersuchung kranker Erwachsener neben der oralen Messmethode auch die tympanale Thermometrie, da diese die KKT der Pulmonalarterie im Durchschnitt genau abbilde. Bei der Behandlung von Hypo- bzw. Hyperthermie sei die tympanale Thermometrie jedoch wegen des oft damit einhergehenden kühlenden Wassers im Gehörgang bzw. einer zu warmen Umgebung ungeeignet (Muth *et al.* 2010, Coso *et al.* 2008).

Mindestens genauso viele Studien, die die tympanale Thermometrie zur Messung der KKT empfehlen, stellen sie sehr in Frage oder halten sie für ungeeignet (Valle *et al.* 1999, Farnell *et al.* 2005, Stavem *et al.* 1997, Modell *et al.* 1998, Kirk *et al.* 2009, Hooper und Andrews 2006). Laut der Literaturauswertung von Hooper und Andrews (2006), fehle es generell an aussagekräftigen Studien, die die Genauigkeit der tympanalen Thermometrie nachweislich belegen.

Welche Faktoren die Genauigkeit der tympanalen Temperaturmessmethode beeinflussen können, wurde außerdem vielfach beschrieben. Devrim *et al.* (2007) sowie Smitz *et al.* (2009) betonten, dass die Qualität des verwendeten Geräts zur Bestimmung der tympanalen Temperatur großen Einfluss auf die Verlässlichkeit der Ergebnisse haben können. Des Weiteren erwähnten Smitz *et al.* (2009) die richtige Messtechnik (Messung in beiden Ohren) als einen der bestimmenden Faktoren. Heusch und McCarthy (2005) und Daanen (2006) sprachen außerdem die Morphologie des Gehörgangs als nicht zu vernachlässigenden Faktor an. Ebenso können auch Haare und Ohrenschmalz das Ergebnis einer tympanalen Temperaturmessung verfälschen (Daanen 2006).

1.3.3 Aktueller Forschungsstand der axillaren Thermometrie

Bereits im 19. Jahrhundert wurde die axillare Temperatur mehrerer Patienten von Carl Reinhold August Wunderlich untersucht. Dabei kam er neben anderen Erkenntnissen zu dem Ergebnis, dass die ‚normale' Körpertemperatur 37°C betrage (Kelly 2006). Dieser Referenzwert gilt heutzutage als sehr umstritten, da die Thermometer zu damaligen Zeiten einerseits viel ungenauere Messungen vornahmen und andererseits auf andere Weise kalibriert waren (Kelly 2006). Viele Forschungen haben sich seither mit der axillaren Temperaturmessung befasst und kamen dabei fast immer zu dem Ergebnis, dass die KKT von der axillaren Temperatur nur annähernd widergespiegelt wird (Lawson *et al.* 2007, Erickson & Kirklin 1993, Kelly 2006, El Radhi & Barry (2006), Edwards *et al.* 2002, Mangat *et al.* 2010, Lefrant *et al.* 2003). Lawson *et al.* (2007) schlussfolgerten aus ihren Untersuchungen, dass die axillare Thermometrie zwar relativ genaue Messungen liefert, die ermittelten Daten jedoch unter der KKT der Pulmonalarterie liegen. Erickson und Kirklin (1993) bestätigten diese Beobachtung, indem sie feststellten, dass die axillare Temperaturmessmethode verglichen mit anderen nicht-invasiven Methoden, die niedrigsten, aber auch variabelsten Werte liefert. Auch laut Literaturauswertung von Kelly (2006) fehle der Parallelismus der axillaren Temperatur zur rektalen sowie zur oralen Temperatur. El-Radhi und Barry (2006) gingen mit der Schlussfolgerung aus ihrer Studie sogar noch weiter und hielten die axillare Thermometrie ausschließlich unter konstanten Bedingungen wie in einem Inkubator als eine zuverlässige Methode zur Temperaturbestimmung. Dies wird von Dollberg *et al.* (2000) bestätigt, die bei der Untersuchung von Frühgeborenen in einem Inkubator keine Unterschiede zwischen rektaler und axillarer Temperatur feststellten.

Dass die axillare Messmethode zwar für Probanden eine akzeptierte und angenehme Technik darstelle, aber dennoch für experimentelle Zwecke aufgrund der Unzuverlässigkeit ungeeignet sei, wurde von Edwards *et al.* (2002) nochmals betont.

Mangat *et al.* (2010) und Lefrant *et al.* 2003) untersuchten die axillare Thermometrie bei febrilen Erwachsenen und kamen zu dem Ergebnis, dass die Methode für die Behandlung von Fieber viel zu variable Daten lieferte und daher ungeeignet sei.

1.3.4 Aktueller Forschungsstand zum Vergleich der Thermometrien

Sund-Levander *et al.* (2002) unternahmen eine Literaturauswertung von 37 Forschungsarbeiten aus dem Zeitraum von 1935 bis 1999 und fassten diese so zusammen, dass jeweils für die orale, tympanale, axillare und rektale Messmethode ein Temperaturvariationsbereich sowie ein Mittelwert für beide Geschlechter vorlag, der von den Autoren der Studie als „normal" bezeichnet wurde. Tabelle 1 zeigt die ermittelten Daten der Auswertung.

Tabelle 1. Normale Körpertemperatur (Mittelwerte und Variationsbereiche) basierend auf einer Literaturauswertung von 1936 – 1999. (verändert nach Sund-Levander *et al.* 2002)

Geschlecht		**Körperkerntemperatur (°C)**			
		Oral	Tympanal	Axillar	Rektal
Männer	Mittelwert	36,7	36,5	o.A.	37,0
	Variationsbereich	35,7-37,7	35,5-37,5	o.A.	36,7-37,5
Frauen	Mittelwert	36,2	37,0	o.A.	37,0
	Variationsbereich	33,2-38,1	36,8-37,1	o.A.	36,8-37,1
Männer und Frauen kombiniert	Mittelwert	o.A.	o.A.	36,3	o.A.
	Variationsbereich	o.A.	o.A.	35,5-37,0	o.A.

Abkürzung: o.A. = ohne Angabe

Wie aus diesen Daten ersichtlich ist, ist die Einschätzung einer ‚normalen' Körpertemperatur sehr von der Messmethode und dem Messort abhängig. Daher schlussfolgerten Sund-Levander *et al.* (2004), dass bei der Evaluation einer Körpertemperatur immer auch die individuelle Variation sowie auch die Messmethode miteinbezogen werden sollte. Inwieweit sich die Messungen der verschiedenen Techniken gleichen oder voneinander unterscheiden, wurde vielfach untersucht. Im Folgenden soll eine kleine Literaturauswahl dargelegt werden, die die verschiedenen Temperaturmessmethoden miteinander verglichen haben.

Erickson und Kirklin (1993) schlussfolgerten aus ihren vergleichenden Untersuchungen von oraler, tympanaler, axillarer (und Blasen-) Temperatur, dass die Messungen der tympanalen Thermometrie relativ mit der KKT übereinstimmten, jedoch mehr Variabilität aufwiesen als die orale Temperatur. Die axillare Thermometrie lieferte jedoch von allen Methoden die niedrigsten und variabelsten Werte. Singh *et al.* (2000) stellten einen Vergleich zwischen oraler und axillarer Thermometrie her und fanden heraus, dass die mittlere orale Temperatur 0,5°C über dem Mittel der axillaren Temperatur liege. Die Studie von Lawson *et al.* (2007) ergab, dass die orale Messmethode zusammen mit der Temperaturmessung in der Pulmonalarterie die genausten Werte lieferte. Die axillare Temperatur hingegen lag unter der KKT, während die tympanale Thermometrie die ungenausten Messungen ergab. Langham *et al.* (2009) beobachteten in ihren postoperativen Forschungen, dass keine der getesteten nicht-invasiven Messmethoden der Blasentemperatur innerhalb einer Abweichung von 0,5°C entsprach. Unter anderem die orale Temperatur spiegelte die Blasentemperatur jedoch bedeutend besser wider als die tympanalen und axillaren Messungen. Ein Vergleich zwischen tympanaler und axillarer Thermometrie bei neugeborenen Säuglingen (Weiss *et al.* 1994) und Kleinkindern (Nimah *et al.* 2006) ergab kontroverse Ergebnisse. Während Weiss *et al.* (1994) bei neugeborenen Säuglingen keine signifikanten Unterschiede zwischen den Messungen der beiden Methoden feststellen konnten, ergab die Studie von Nimah *et al.* (2006) bei Kleinkindern eine größere Korrelation zwischen tympanaler und Blasentemperatur als zwischen axillarer und Blasentemperatur. Die tympanalen Messungen waren akkurater und glichen dem Rhythmus der KKT viel eher als die axillaren Werte.

1.3.2 Aktueller Forschungsstand zum Seitenvergleich

Erickson (1980) beschäftigte sich in ihrer Studie unter anderem mit dem Einfluss des Messortes innerhalb der oralen Thermometrie. Dabei untersuchte sie mithilfe von elektronischen Berührungsthermometern und Quecksilberthermometern die Temperatur an drei verschiedenen Positionen unter der Zunge. Es wurde in der hinteren rechten und linken sublingualen Tasche sowie unter der vorderen Zunge gemessen. Während sich die Werte des hinteren und vorderen Mundraums signifikant voneinander unterschieden, wobei die vordere ca. 0,2°C unterhalb der hinteren Sublingualtemperatur lag, konnte mit keinem der Thermometer ein Unterschied zwischen den Messungen an rechter und linker Position festgestellt werden.

Weitaus öfter wurde im Bereich der tympanalen Thermometrie ein Seitenvergleich von rechter und linker Körperseite hergestellt. Die Untersuchungen von Shenep *et al.* (1991) an krebsranken Kindern ergaben keine signifikanten Seitenunterschiede der Temperatur von rechtem und linkem Gehörgang. Diese Beobachtung wurde von Tsunoda *et al.* (1993) bestätigt, die ebenso keinen Temperaturunterschied zwischen rechtem und linkem Ohr feststellen konnten. Modell *et al.* (1998) fanden heraus, dass es zwar keine

Gruppenunterschiede zwischen rechten und linken Messungen gab, dafür jedoch signifikante individuelle Seitenunterschiede von bis zu 2,5°C. Auch Heusch und McCarthy (2005) registrierten in ihrer Studie individuelle Seitenunterschiede zwischen rechtem und linkem Ohr. Dabei hing die Richtung des Unterschiedes von der mittleren Temperatur beider Ohren ab. So konnten die Autoren schlussfolgern, dass die Temperatur des rechten Ohres höher als die des linken Ohres war, wenn die mittlere Temperatur mehr als 0,4°C unter 36,7°C lag. Betrug die Temperatur mehr als 0,4°C über 36,7°C, waren die Messungen im linken Ohr höher als die im rechten Ohr. Aufgrund der Seitendifferenzen empfehlen Heusch und McCarthy (2005), stets die Temperatur beider Ohren zu messen und den höheren Wert als akkuratere Darstellung der KKT anzusehen. Außerdem mutmaßen sie, dass die Seitenunterschiede mit der Gesundheit des Probanden zusammenhängen. Boyce *et al.* (2002) und Cherbuin und Brinkman (2007) stellten einen Zusammenhang zwischen Seitendifferenzen der tympanalen Thermometrie und kognitiver Aktivität der Gehirnhälften her. Dabei wurde herausgefunden, dass die tympanale Temperatur auf der Körperseite sinkt, dessen Gehirnhälfte bei bestimmten Aufgaben aktiver ist. Um diesen Faktor zu umgehen, untersuchten Landa *et al.* (2008) die tympanale Temperatur auf beiden Körperseiten ruhender Probanden, die keinen kognitiv beanspruchenden Aufgaben ausgesetzt waren. Daraus ergab sich eine mittlere Differenz von 0,25°C mit einer Standardabweichung von 0,21°C, wobei die Temperatur des rechten höher als die des linken Gehörgangs lag.

Auch die axillare Thermometrie wurde auf etwaige Seitenunterschiede untersucht. Die Forschungen von Shenep *et al.* (1991) ergaben dabei jedoch keine signifikanten Temperaturunterschiede zwischen rechter und linker Achsel. Im Gegensatz dazu kommt Fulbrook (1997) in seiner Studie zu dem Ergebnis, dass sich die Temperaturen der rechten und linken Achsel mit einer mittleren Differenz von 0,36°C unterscheiden, wobei links tendenziell höhere Werte gemessen wurden. Die Ergebnisse von Singh *et al.* (2000) bestätigen diese Beobachtung mit einem Seitenunterschied von 0-1,9°C.

2 Zielsetzungen

Wie aus dem aktuellen Forschungsstand ersichtlich ist, wurden die verschiedenen Messmethoden zur Bestimmung der KKT bereits vielfach untersucht. Eine Kombination aus Methoden- und Seitenvergleich mit Auseinandersetzung der genannten Temperaturmessmethoden wurde allerdings in der zitierten Literatur bei gesunden jungen Erwachsenen noch nicht durchgeführt. Insbesondere die tympanale und axillare Thermometrien sorgen für kontroverse Ansichten bezüglich ihrer Zuverlässigkeit. In

Hinblick auf den Seitenvergleich stellt die Untersuchung der oralen Thermometrie auf etwaige Asymmetrien eine Lücke in der Forschungslandschaft dar.
Ziel der vorliegenden Arbeit war es bei gesunden jungen Erwachsenen festzustellen, (1) ob und inwiefern sich die ermittelten Werte von oraler, tympanaler und axillarer Technik zur Messung der KKT voneinander unterscheiden und (2) ob es signifikante Seitendifferenzen innerhalb der Messmethoden zu beobachten gibt. Dies sollte im Abendprofil über einen Zeitraum von acht Stunden (17 bis 24 Uhr) erfolgen.

3 Probanden und Methoden

3.1 Probanden

Im Rahmen dieser Bachelorarbeit wurden 29 Freiwillige untersucht. Es wurde gezielt nach jungen Frauen im Alter zwischen 20 und 29 Jahren gesucht, die sich in einem gesunden Gesamtzustand befinden. Die Probandinnen waren zum Untersuchungszeitpunkt im Mittel 22,0 Jahre alt mit einer Standardabweichung (im Folgenden mit SD abgekürzt) von 1,49 Jahren.
Die Beschränkung auf das weibliche Geschlecht sowie das spezifische Alter waren notwendig, um die Untersuchungen möglichst unter konstanten Bedingungen durchführen zu können, da die KKT abhängig vom Geschlecht und Alter variieren kann. So durchläuft der circadiane Rhythmus der KKT bei Männern eine etwas längere Zeitspanne als der bei Frauen (Duffy *et al.* 2011). Des Weiteren findet der Rhythmus von Männern im Vergleich zu dem von Frauen zeitlich nach hinten verschoben statt. (*ebd.*). Das Alter beeinflusst den Tagesgang der KKT insofern, als sowohl das Rhythmus-abhängige Mittel als auch die Amplitude des circadianen Verlaufs mit zunehmendem Alter sinkt (Kelly 2006, Crawford *et al.* 2006, Blatteis 2011). Dass sich der Temperaturrhythmus von jüngeren Erwachsenen und älteren Erwachsenen unterscheidet, zeigt Abbildung 5. Durch die Geschlechts- und Altersbeschränkung der Probandinnen sollte also vermieden werden, dass eventuelle Unterschiede oder Auffälligkeiten zwischen den Ergebnissen auftreten, die auf dem Geschlecht oder dem Alter beruhen. Ein gesunder Gesamtzustand war insofern wichtig für die Untersuchungen, als eine Erkältung das Atmen durch die Nase bei der Messung der oralen Temperatur erschwert oder sogar unmöglich gemacht hätte.

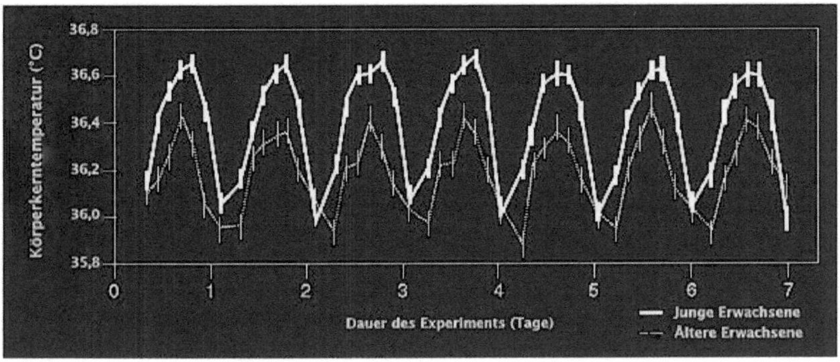

Abbildung 5. Axillare Temperatur von jüngeren und älteren Erwachsenen an sieben aufeinanderfolgenden Tagen.
Dicke durchgehende Linie: Werte von 58 jüngeren Erwachsenen (17-39 Jahre)
Dünne gestrichelte Linie: Werte von 97 älteren Erwachsenen (63-91 Jahre)
(verändert nach Gubin *et al.* 2006)

Außer den oben aufgeführten gab es noch weitere Ausschlusskriterien für die Rekrutierung der Probandinnen. So wurden sowohl schwangere als auch stillende Frauen von der Studie ausgeschlossen, da der veränderte Hormonspiegel die KKT sehr beeinflusst und diese deshalb innerhalb einer Schwangerschaft stark schwangt (Hartgill *et al.* 2011). Des Weiteren durften die rekrutierten Probandinnen weder an Schlafstörungen noch an einem Jetlag leiden. Außerdem führte auch ein Beruf mit Schichtdienst zum Ausschluss von der Studie. Diese Kriterien waren deshalb wichtig, da ein vom inneren Rhythmus abweichender Tageslichtwechsel zu deutlichen Anpassungsschwierigkeiten der Körperrhythmik führt (Klein 1999). Die Umstellung der inneren Uhr auf die veränderten äußeren Zeitgeber hat demnach auch einen Effekt auf den Verlauf der KKT (Burgess *et al.* 2003). In der Nacht vor den Untersuchungen mussten die Probandinnen außerdem genügend Schlaf erhalten haben, um eine Beeinflussung auf den circadianen Rhythmus der KKT durch Schlafmangel ausschließen zu können. Weiterhin von den Untersuchungen ausgeschlossen waren Frauen, die unter einer Depression leiden oder Antidepressiva einnehmen. Depressionen haben unter anderem eine leicht erhöhte KKT (Wehr & Wirz-Justice 1982) sowie eine reduzierte Amplitude des Temperaturverlaufs zur Folge (Kasper *et al.* 1989). Antidepressiva und andere Pharmaka können zudem die Körperrhythmik beeinflussen, aber auch Auswirkungen auf die KKT haben (Lemmer 1989, Crawford *et al.* 2006). Außerdem wurde darauf geachtet, dass keine Frauen rekrutiert wurden, die an chronischen Krankheiten leiden. Diese könnten ebenso einen Einfluss auf den Gang der KKT haben.

Um die Messung von genetisch bedingten Ähnlichkeiten im circadianen Rhythmus der KKT zu reduzieren, wurden keine blutsverwandten Geschwister in die Untersuchung einbezogen.
Die 29 Probandinnen wurden hauptsächlich über persönliche Kontakte, aber auch per E-Mail und soziale Netzwerke im Internet angeworben.
Den Teilnehmerinnen wurde eine Probandeninformation vorgelegt, die sie nach eigenem Belieben nach Abschluss der Untersuchung mitnehmen durften. Außerdem unterzeichneten alle Probandinnen vor Untersuchungsbeginn eine Einverständniserklärung über die Auswertung und Verwendung ihrer Daten in pseudonymisierter Form für wissenschaftliche Zwecke.

3.2 Methoden

3.2.1 Anthropometrie

Vor Beginn der Untersuchungen wurden die anthropometrischen Daten der Probandinnen erfasst. Dies beinhaltete die Messung des Körpergewichts, der Körperhöhe, des Taillen- und Hüftumfangs. Das Körpergewicht wurde auf 0,1 kg genau mithilfe einer elektrischen Personenwaage der Firma Beurer Typ BF18 (Beurer GmbH, Ulm) ermittelt. Für eine genauere Messung war das Entleeren von Hosentaschen und das Ablegen von Schuhen und schwerer Kleidung notwendig. Die Bestimmung der Körperhöhe auf 1 cm genau erfolgte nach Ablegen der Schuhe mithilfe eines Anthropometers nach Martin. Der Body-Mass-Index (BMI) ergab sich durch Teilen des Körpergewichts in kg durch das Quadrat der Körperhöhe in m^2. Der Taillen- und Hüftumfang wurde mithilfe eines Maßbandes auf 1 cm genau gemessen. Die Taille wurde dabei als schmalste Stelle des Rumpfes und die Hüfte als oberer Rand des Beckens definiert. Der Taillen-Hüftumfang-Index ergab sich aus Teilung des Taillenumfangs durch den Hüftumfang (beides in cm). Die Körperhöhe, der Taillen- und Hüftumfang wurden in cm, und das Körpergewicht in kg auf dem Datenbogen (Anhang 1) notiert.
Die Probandinnen füllten außerdem einen Fragebogen aus, der allgemeine Angaben wie Schlaf- und Rauchverhalten, körperliche Aktivität, Krankheiten, sowie die Einnahme von Kontrazeptiva und Medikamenten abfragte (Anhang 2).

3.2.2 Thermometrie

Im Rahmen dieser Arbeit wurden zwei verschiedene Thermometer gebraucht. Es handelte sich dabei einerseits um ein elektronisches Berührungsthermometer und andererseits um ein berührungsloses Infrarotthermometer, welche beide in °Celsius und auf eine Messgenauigkeit von 0,1°C eingestellt waren.

Elektronische Berührungsthermometer beinhalten einen sogenannten Thermistor, der einen variablen elektrischen Widerstand darstellt. Der Wert dieses Widerstandes ändert sich exponentiell zur steigenden Temperatur und reagiert somit sehr sensibel auf kleinste Temperaturänderungen. Die Widerstandänderung des Thermistors wird in einen Temperaturwert umgerechnet und in digitaler Form auf dem kleinen Display des Thermometers angezeigt (Crawford *et al.* 2006). Ein solches elektronisches Berührungsthermometer wurde sowohl für die Messung der oralen Temperatur als auch für die Bestimmung der axillaren Temperatur angewendet.

Berührungslose Infrarotthermometer hingegen messen über Sensoren die abgestrahlte Infrarotwärme der menschlichen Haut und rechnen die Intensität der Strahlung in die Temperatur der Oberfläche um. Der Sensor kommt dabei nicht mit dem jeweiligen Körperteil in Kontakt und muss daher die Wärmestrahlung auswerten, um diese in einen Temperaturwert zu konvertieren, der dann auf dem Display angezeigt wird (*ebd.*). Ein solches Infrarotthermometer wurde für die Messung der tympanalen Temperatur benutzt.

Orale Thermometrie

Die orale (Sublingual-)Temperatur wurde in dieser Studie mit dem digitalen Berührungsthermometer Thermoval®rapid (Hartmann, Heidenheim) (Abbildung 6) gemessen.

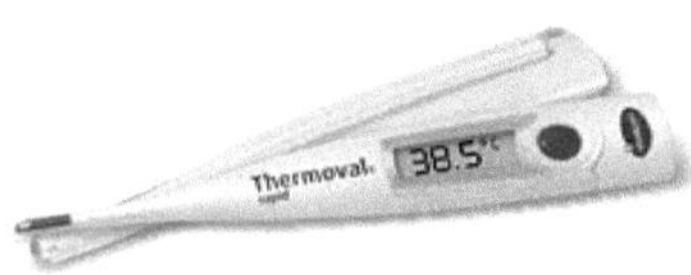

Abbildung 6. Digitales Berührungsthermometer Thermoval®rapid der Firma Hartmann. (Quelle: [URL 2])

Das Thermometer wird dazu mit einem Knopfdruck angeschaltet und anschließend am Messort, in der hinteren sublingualem Tasche jeweils rechts bzw. links, positioniert. Der Mund muss dabei zur Minimierung von äußeren Temperatureinflüssen unbedingt geschlossen gehalten werden. Nach einem kurzen Signalton kann die gemessene Temperatur auf dem digitalen Display abgelesen werden. Nachdem die Messung auf der rechten Seite abgeschlossen war, wurde die gleiche Vorgehensweise auf der linken Seite angewendet.

Tympanale Thermometrie

Zur Bestimmung der tympanalen Temperatur wurde das berührungslose Infrarotthermometer BRAUN ThermoScan® Thermometer IRT4520 Type 6022 (Kaz Europe SA, Lausanne, Schweiz) (Abbildung 7) gebraucht.

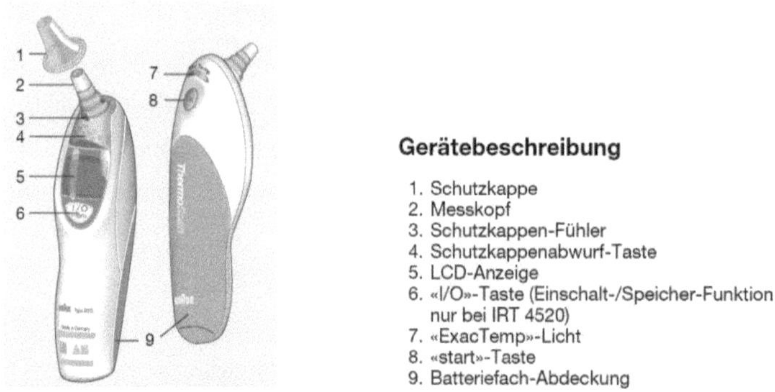

Abbildung 7. Infrarot- Ohrthermometer IRT 4520 der Firma Braun.
(Quelle: [URL 3] (verändert))

Das Thermometer misst im Gehörgang dabei die abgestrahlte Wärme des Trommelfells und des umliegenden Gewebes. Vor der Messung wird eine Plastik-Schutzkappe auf den Messkopf gesetzt, die das Risiko einer Übertragung von Keimen von einer auf die andere Probandin reduziert. Nach Einschalten des Geräts wird der Messkopf soweit wie möglich in den Gehörgang eingeführt und die Start-Taste gedrückt. Während der Messung ist es unbedingt nötig, das Thermometer stabil im Gehörgang positioniert zu halten (Abbildung 8).

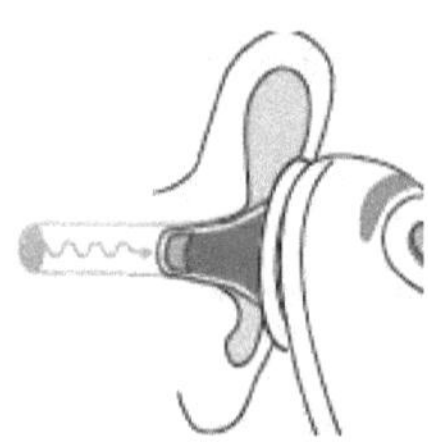

Abbildung 8. Positionierung des Ohrthermometers im Gehörgang.
(Quelle: [URL 3] (verändert))

Das Blinken des ExacTemp-Lichts bestätigt dabei eine stabile Platzierung während der gesamten Dauer der Messung. Nach einem kurzen Signalton wird der Temperaturwert in digitaler Form auf der LCD-Anzeige abgelesen.

Axillare Thermometrie

Die axillare Temperatur wurde wie die orale Temperatur mit dem digitalen Berührungsthermometer Thermoval®rapid (Hartmann, Heidenheim) (Abbildung 6) ermittelt. Der Messort befindet sich dabei in der Mitte der rechten bzw. linken Achsel. Während gesamten Messdauer muss der Oberarm fest am Körper angelegt werden, um eine Abkühlung der Achsel zu vermindern. Nach einer etwas längeren Einstellungszeit als bei der Bestimmung der oralen Temperatur (Crawford *et al.* 2006) wird die Messung ebenfalls mit einem Signalton beendet. Der ermittelte Temperaturwert wird dann auf dem Display abgelesen.

3.2.3 Untersuchungsablauf

Die Untersuchungen dieser Studie wurden in der Christian-Albrechts-Universität zu Kiel in einem separaten Raum der Abteilung für Humanbiologie durchgeführt. Die Messungen erfolgten stündlich im Zeitraum von 17.00 bis 24.00 Uhr an maximal 6 Probandinnen an einem Untersuchungstag.

Um mögliche Einflüsse außerhalb des circadianen Rhythmus auf die KKT zu vermindern, welche die Messungen verfälscht hätten, wurden einige Bedingungen an die Probandinnen vor und während dem Untersuchungszeitraum gestellt. Des Weiteren wurden die Umgebungsbedingungen im Untersuchungsraum weitestgehend auf einem konstanten Niveau gehalten.

Prätestbedingungen

Die Probandinnen wurden angewiesen, drei Stunden vor den Untersuchungen auf große Mahlzeiten und koffeinhaltige Getränke, wie z.B. Kaffee, schwarzen Tee und Coca Cola, zu verzichten. Außerdem sollten die Teilnehmerinnen am Untersuchungstag keinen Alkohol zu sich genommen haben. Auch sportliche Betätigung sollte von den Probandinnen am Tag der Untersuchungen unterlassen werden. Ebenso wurde ihnen mitgeteilt, vor den Untersuchungen keine Hektik durch Unpünktlichkeit aufkommen zu lassen. So sollten die Teilnehmerinnen auch vorzugsweise den Aufzug statt der Treppe zum Untersuchungsraum nehmen. Des Weiteren wurden die Probandinnen angewiesen, sich am Untersuchungstag möglichst nach dem Zwiebelschalen-Prinzip zu kleiden, d.h. mehrere einzelne dünne Kleidungsstücke übereinander zu tragen oder zumindest mitzubringen. Auf diese Weise sollte gewährleistet werden, dass die Probandinnen sich während der gesamten Dauer der Untersuchungen wohl fühlten und weder aktiv Wärme produzieren noch abgeben mussten.

Testbedingungen

Vor den Untersuchungen wurde der Untersuchungsraum einmal gut gelüftet, danach wurden die Fenster geschlossen gehalten und die Jalousien heruntergelassen. Während der Untersuchungen war die Beleuchtungsstärke mit einem Dimmer auf 100±5 lux eingestellt. Die Raumtemperatur betrug 22±1°C, die relative Luftfeuchte 50±5 % und der Luftdruck 1020±10 hPa. Die konstanten Bedingungen sollten der thermoneutralen Zone (s. S.3) möglichst nahe kommen, sodass die Probandinnen sich durchgehend wohl fühlten und die Messdaten nicht durch exogene Faktoren verfälscht wurden.

Die Untersuchungstage waren systematisch in kleine Zeiteinheiten von jeweils einer Viertelstunde eingeteilt, welche unterschiedliche Anforderungen an die Probandinnen stellten. Die Strukturierung sollte es den Probandinnen erleichtern, sich an die Testbedingungen zu halten.

Jeweils zur vollen Stunde zwischen 17.00 und 24.00 Uhr wurden die Messungen zur Temperaturbestimmung im Sitzen durchgeführt. Die orale und axillare Temperatur wurde jeweils zuerst ermittelt. Dazu wurde zunächst auf der rechten Körperseite und dann auf der linken Körperseite gemessen. Diese Vorgehensweise wurde noch einmal wiederholt, sodass pro Messzeitpunkt jeweils zwei Messwerte für jede Körperseite vorlagen. Diese wurden später zu einem Mittelwert je Körperseite verrechnet. Nach der Messung der oralen und axillaren Temperatur erfolgte die Bestimmung der tympanalen Temperatur. Auch diese Messung wurde zunächst rechts und dann links durchgeführt und anschließend wiederholt, um zwei Messwerte für jede Körperseite zu erlangen, welche später gemittelt wurden. Alle ermittelten Temperaturwerte wurden nach der jeweiligen Messung auf dem Datenbogen (Anhang 1) eingetragen.

Nach den Messungen konnten die Probandinnen die sitzende Haltung verlassen, sich ruhig bewegen, etwas essen oder trinken und die Zeit bis 15 Minuten nach der vollen Stunde nutzen, um z.B. die Toilette aufzusuchen. Beim Verlassen des Untersuchungsraums mussten die Probandinnen eine Sonnenbrille tragen, damit die veränderten Lichtverhältnisse außerhalb des Raums keinen Einfluss auf den Gang der KKT haben. Ab 15 Minuten nach den Messungen wurden die Probandinnen gebeten, sich wieder zu setzen und sich von nun an ruhig zu beschäftigen. Da alle Tätigkeiten vermieden werden sollten, die etwaige Auswirkungen auf die KKT haben konnten, durften die Probandinnen nur bis 30 Minuten nach den letzten Messungen bzw. 30 Minuten vor den nächsten Messungen trinken und essen. Um äußere Einflüsse auf die orale Temperatur zu minimieren, wurden die Probandinnen außerdem angewiesen, in der restlichen Viertelstunde bis zu den nächsten

Messungen den Mund geschlossen zu halten. So konnte weder das Sprechen noch das Ein- und Ausatmen durch den Mund auf die orale Temperatur einwirken. Zur vollen Stunde wurden die oben beschriebenen Messungen wiederholt. Dieser Rhythmus wurde bis um 24.00 Uhr fortgeführt.

3.2.4 Statistische Verfahren

Die deskriptive Darstellung der Daten efolgte als absolute und relative Häufigkeiten bzw. bei metrischen Daten als Mittelwert und Standardabweichung (SD). Zur Untersuchung der metrischen Daten auf Normalverteilung wurde der Kolmogorov-Smirnov-Test herangezogen. Wie aus Tabellen A1-A3 (Anhang) ersichtlich ist, sind alle Daten normalverteilt, da durchgehend die Irrtumswahrscheinlichkeit (P) > 0,05 ist. Aufgrund der Normalverteilung ist die Voraussetzung für das Einsetzen von parametrischen Testverfahren erfüllt ([URL 4]). Dementsprechend wurde zum Methodenvergleich eine multivariate Varianzanalyse für Messwiederholungen durchgeführt, die mit dem Greenhouse-Geisser-Test korrigiert wurde. Zum Seitenvergleich zwischen rechter und linker Messung der jeweiligen Methoden wurde der t-Test für gepaarte Stichproben nach Student eingesetzt, da die Daten (Mittelwerte) voneinander abhängig sind.
Die statistischen Verfahren wurden mit dem Statistikpaket SPSS, Version 15, berechnet. Es wurde ihnen den gängigen Konventionen zufolge ein Signifikanzniveau von 5% bei zweiseitiger Fragestellung zugrunde gelegt. Als grafische Methoden wurden einerseits Balken- und andererseits Liniendiagramme verwendet.

4 Ergebnisse

4.1 Deskriptive Kennzeichen des Probandinnenkollektivs

Tabelle 2. Deskriptive Befunde des Probandinnenkollektivs.

Anthropometrische Variable	Mittelwert	SD
Alter (Jahre)	22,00	1,49
Körperhöhe (m)	1,69	0,05
Körpergewicht (kg)	64,47	5,18
BMI (kg/m²)	22,69	1,52
Taillenumfang (cm)	71,79	3,83
Hüftumfang (cm)	95,55	6,42
Taillen-Hüftumfang-Index	0,75	0,05

Abkürzungen: SD = Standardabweichung, BMI = Body-Mass-Index

Tabelle 2 zeigt die deskriptiven Befunde der Probandinnen. Sie waren zum Untersuchungszeitpunkt im Mittel 22 ± 1,49 Jahre alt, hatten eine mittlere Körperhöhe von

1,69 ± 0,05 m und wogen im Mittel 64,47 ± 5,18 kg. Der mittlere Body-Mass-Index (BMI) der Teilnehmerinnen lag bei 22,69 ± 1,52 kg/m^2. Der Mittelwert des Taillenumfangs betrug 71,79 ± 3,83 cm, während der mittlere Hüftumfang bei 95,55 ± 6,42 cm lag. So ergab sich ein mittlerer Taillen-Hüftumfang-Index von 0,75 ± 0,05.

Tabelle 3 dokumentiert das Schlafverhalten der Teilnehmerinnen (inklusive Zubettgehzeit, Aufstehzeit und aktueller Schlafdauer). Die durchschnittliche Zubettgehzeit betrug 1406,90 ± 52,17 Minuten. Der Mittelwert der Aufstehzeit betrug 468,1 ± 66,53 Minuten. Die Probandinnen schliefen zum Untersuchungszeitpunkt aktuell 7,6 ± 1,26 Stunden.

Tabelle 3. Schlafverhalten der Probandinnen.

Schlafbezogene Variable	Mittelwert	SD
Zubettgehzeit (Min)	1406,90	52,17
Aufstehzeit (Min)	468,10	66,53
Schlafdauer aktuell	7,60	1,26

Abkürzung: SD = Standardabweichung

Ferner wurden die Probandinnen nach ihrem Familienstand, ihrem Beruf und der körperlichen Aktivität gefragt. Mit einer Anzahl von 25 (86,2%) war die Mehrheit der Teilnehmerinnen ledig, während vier (13,8%) von ihnen zusammenlebten oder verheiratet waren. Alle 29 Probandinnen waren Studentinnen. Zu der körperlichen Aktivität lässt sich sagen, dass 13 Teilnehmerinnen (44,8%) mäßig, sieben Teilnehmerinnen (24,1%) stärker körperlich aktiv waren und neun der Probandinnen (31%) Wettkampfsport betrieben. Keine der Probandinnen war somit sehr bzw. durchschnittlich bewegungsarm. Mit einer Anzahl von 13 (44,8%) haben die meisten in der Regel vormittags Sport getrieben, während sich 11 (37,9%) vorzugsweise abends körperlich betätigten und fünf (17,2%) überwiegend nachmittags aktiv waren.

Des Weiteren wurde das Rauchverhalten, die Einnahme von Kontrazeptiva, etwaige Krankheiten sowie die Medikamenteneinnahme der Probandinnen dokumentiert. Mit einer Anzahl von 27 (93,1%) war die überwiegende Mehrheit der Probandinnen Nichtraucherinnen; die zwei Raucherinnen (6,9%) rauchten eine bis zwei Zigaretten am Tag. 17 Probandinnen (58,6%) nahmen die Antibabypille ein. Von den restlichen 12 Teilnehmerinnen (41,4%) verhüteten außerdem drei ebenfalls mit hormonellen Mitteln wie z.B. einem Vaginalring. Zum Untersuchungszeitpunkt hatten 21 (72,4%) Probandinnen keine Krankheiten. Von den verbliebenen acht Personen (27,6%) hatte jedoch niemand chronische Krankheiten, die mit Schwankungen der KKT einhergehen könnten. Zum Untersuchungszeitpunkt wurden außerdem von drei Probandinnen (10,3%) Medikamente eingenommen (Schmerztabletten gegen Rückenschmerzen, ein Antiallergikum gegen Heuschnupfen, L-Thyroxin 75 wegen einer Schilddrüsenunterfunktion und Inegy zur Behandlung eines hohen Cholesterinspiegels).

4.2 Messortvergleich: Unterschiede zwischen oraler, tympanaler und axillarer Messung der Körperkerntemperatur

In diesem Kapitel werden die Ergebnisse der oralen, tympanalen und axillaren Temperaturmessungen an den acht Messzeitpunkten dargestellt.

Tabelle 4 zeigt die zu den unterschiedlichen Messzeitpunkten ermittelten Temperaturmittelwerte der verschiedenen Thermometrien mit Standardabweichung. Da die Mittelwerte dem Methodenvergleich dienen, ergeben sie sich nicht nur jeweils aus der Mittlung von erster und zweiter Messung, sondern auch aus der Mittlung von linker und rechter Messung.

Tabelle 4. Deskriptive Darstellung der oralen, tympanalen und axillaren Temperaturwerte bei 29 Frauen.

	Messzeitpunkt	**Temperatur (°C)**	
		Mittelwert	SD
oral	17 Uhr	36,67	0,26
tympanal		36,85	0,30
axillar		35,79	0,55
oral	18 Uhr	36,75	0,24
tympanal		36,85	0,32
axillar		35,98	0,44
oral	19 Uhr	36,71	0,23
tympanal		36,89	0,27
axillar		36,09	0,49
oral	20 Uhr	36,70	0,28
tympanal		36,86	0,28
axillar		36,18	0,48
oral	21 Uhr	36,70	0,33
tympanal		36,87	0,30
axillar		36,22	0,48
oral	22 Uhr	36,66	0,35
tympanal		36,83	0,28
axillar		36,16	0,40
oral	23 Uhr	36,57	0,31
tympanal		36,73	0,30
axillar		36,06	0,48
oral	24 Uhr	36,52	0,24
tympanal		36,69	0,25
axillar		35,99	0,38

Abkürzung: SD = Standardabweichung

Um 17 Uhr reichen die Mittelwerte der drei verschiedenen Messmethoden von 35,79°C (axillar) bis 36,85°C (tympanal). Die oral gemessenen Werte weisen mit 0,26°C die geringste SD auf, wohingegen die axillaren Messwerte mit 0,55°C die höchste SD aufzeigen.

Die um 18 Uhr gemessenen Werte weisen Mittelwerte in einem Bereich von 35,98°C bis 36,85°C auf, wobei wie um 17 Uhr der niedrigere axillar und der höhere tympanal bestimmt wurde. Ebenso wie um 17 Uhr erreicht die orale Temperatur die geringste SD (0,24°C) und die axillar gemessene Temperatur die höchste SD (0,44°C).

Um 19 Uhr wurde der niedrigste Mittelwert wieder axillar (36,09°C) und der höchste tympanal (36,89°C) gemessen. Die geringste SD zeigt mit 0,23°C nochmals die orale Temperatur, während erneut die axillare Thermometrie mit 0,49°C die größte Streuung der Messwerte aufweist.

Die Mittelwerte, die um 20 Uhr ermittelt wurden, variieren in einem Bereich von 36,18°C (axillar) bis 36,86°C (tympanal). Die oral und tympanal gemessenen Temperaturen erreichen beide mit 0,28°C die geringste SD, wohingegen wieder die axillaren Temperaturwerte mit 0,48°C die höchste SD zeigen.

Den niedrigsten Mittelwert bildet um 21 Uhr erneut die axillare Thermometrie (36,22°C), während die tympanal gemessenen Temperaturwerte den höchsten Mittelwert aufweisen (36,87°C). Die SD variiert zwischen den Methoden von 0,30°C bis 0,48°C, wobei zu diesem Messzeitpunkt die geringste SD der tympanalen Messmethode und die höchste der axillaren Thermometrie zugeordnet werden.

Um 22 Uhr weisen die Mittelwerte Temperaturen von 36,16°C (axillar) bis 36,83°C (tympanal) auf. Die tympanal gemessenen Werte erreichen mit 0,28°C die geringste SD, wohingegen die axillare Temperatur mit 0,40°C die größte SD aufzeigt.

Um 23 Uhr wurde der niedrigste Mittelwert (36,06°C) wieder mit der axillaren Messmethode und der höchste (36,73°C) mit der tympanalen Thermometrie ermittelt. Letztere erreichte auch die zu diesem Messzeitpunkt geringste SD von 0,30°C. Die höchste SD weist hingegen der axillare Temperaturwert mit 0,48°C auf.

Die um 24 Uhr gemessenen Temperaturen weisen Mittelwerte im Bereich von 35,99°C (axillar) bis 36,69°C (tympanal) auf. Die oral gemessenen Werte erreichen nochmals die geringste SD (0,24°C), während die axillare Thermometrie erneut die höchste SD (0,38°C) aufzeigt.

4.2.1 Unterschiede der Messmethoden bezüglich der Mittelwerte

Zusammenfassend lässt sich feststellen, dass die Mittelwerte der drei Methoden an allen acht Messzeitpunkten von 17 bis 24 Uhr zwischen 35,79°C und 36,89°C variieren. Abbildung 9 stellt die Temperaturkurven der drei Messmethoden dar. Die axillare Temperatur weist an allen acht Messzeitpunkten die niedrigsten Mittelwerte auf. Diese reichen von 35,79°C um 17 Uhr bis 36,22°C um 21 Uhr. Die höchsten Mittelwerte treten dagegen stets bei der tympanalen Messung auf. Diese reichen von 36,69°C um 24 Uhr bis 36,89°C um 19 Uhr. Die mittleren Messwerte der oralen Temperaturmessung liegen an allen Messzeitpunkten zwischen den tympanalen und axillaren Mittelwerten. Insgesamt liegen die Messwerte der oralen und tympanalen Messung nahe beieinander und unterscheiden sich beide deutlich von den niedrigen Mittelwerten der axillaren Messung.

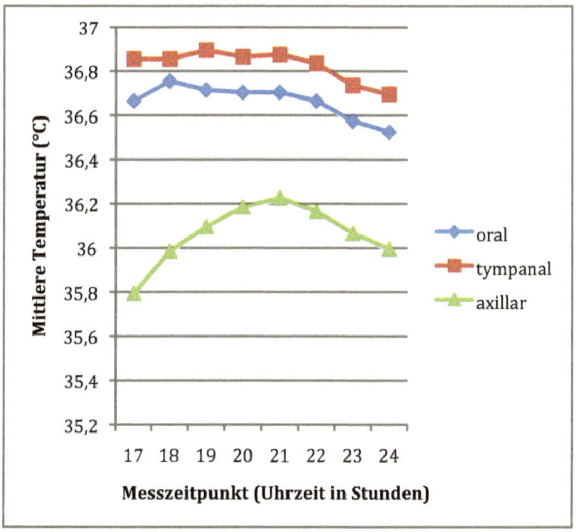

Abbildung 9. Temperaturverlauf der oralen, tympanalen und axillaren Thermometrie von 17 bis 24 Uhr bei 29 Probandinnen.

4.2.2 Unterschiede der Messmethoden bezüglich der Standardabweichung und Streuung der Einzelmessungen

Bezüglich der SD, kann man zusammenfassen, dass diese bei den drei Methoden an allen acht Messzeitpunkten zwischen 0,23°C und 0,55°C variieren. Abbildung 10 stellt die Variabilität der SD der Messmethoden dar. Die niedrigsten SD finden sich zu gleichen Teilen bei den oralen und tympanalen Temperaturwerten. Oral reichen sie von 0,23°C um 19 Uhr bis 0,26°C um 17 Uhr. An drei Messzeitpunkten (21, 22 und 23 Uhr) zeigt die tympanale Temperatur die niedrigsten SD, wobei sie zwischen 0,28°C und 0,30°C variieren. Um 20 Uhr zeigen die oralen und tympanalen Temperaturwerte zusammen die niedrigste SD mit 0,28°C. Die höchsten SD ergaben sich stets bei der axillaren Thermometrie. Sie bewegen sich in einem Bereich von 0,38°C (24 Uhr) bis 0,55°C (17 Uhr).

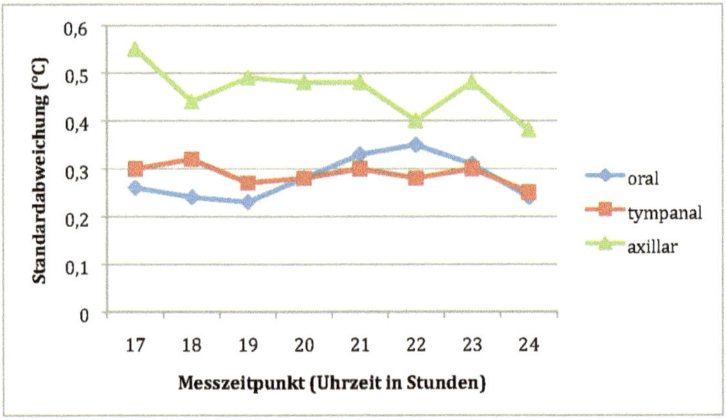

Abbildung 10. Variabilität der Standardabweichungen der Temperaturmessungen von 17 bis 24 Uhr mithilfe der oralen, tympanalen und axillaren Thermometrie.

Der Variationsbereich der Einzelmessungen der verschiedenen Methoden wird in Abbildung 11 mithilfe eines Balkendiagramms verdeutlicht. Die kleinste Variationsbreite der Einzelmessungen weist die tympanale Thermometrie mit einem Temperaturbereich von 2,3°C zwischen minimaler (35,4°C) und maximaler (37,7°C) Einzelmessung auf. Mit einer Differenz von 3,0°C zwischen minimaler (34,4°C) und maximaler (37,4°C) Einzelmessung liegt die orale Thermometrie zwischen tympanaler und axillarer Thermometrie. Letztere weist mit einem Bereich von 4,5°C den größten Variationsbereich zwischen minimaler (32,8°C) und maximaler (37,3°C) Einzelmessung auf.

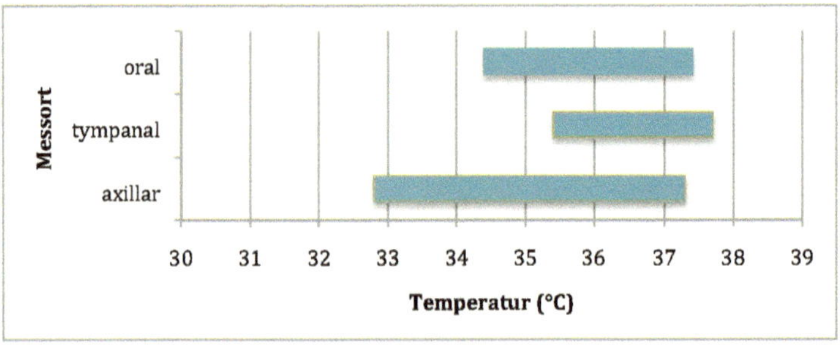

Abbildung 11. Temperaturbereiche zwischen minimalen und maximalen Einzelmessungen der drei verschiedenen Messmethoden.

Wie aus Abbildungen 9, 10 und 11 zu erkennen ist, verlaufen die Mittelwerte, die SD und die Variationsbereiche der Einzelmessungen der oralen und tympanalen Temperaturen weitgehend parallel, während die axillare Temperatur bezüglich der drei Kriterien von diesen abweicht. Die axillare Temperatur weist einerseits an allen Messzeitpunkten viel niedrigere Mittelwerte und andererseits eine größere Variationsbreite der Werte auf.

Tabelle 5 stellt die mit dem Greenhouse-Geisser-Test korrigierte multivariate Varianzanalyse für Messwiederholungen zum Methodenvergleich dar. Wie anhand der Irrtumswahrscheinlichkeit ersichtlich ist, sind die Messungen der drei Methoden an beiden Körperseiten zu allen Messzeitpunkten (17-24 Uhr) hochsignifikant verschieden.

Tabelle 5. Methodenvergleich zur Temperaturmessung mit der multivariaten Varianzanalyse für Messwiederholungen, korrigiert mit dem Greenhouse-Geisser-Test (Messungen an 29 Frauen).

Seite	Messzeitpunkt	F	P
rechts	17	69,01	< 0,001
	18	60,76	< 0,001
	19	58,80	< 0,001
	20	38,85	< 0,001
	21	32,14	< 0,001
	22	67,16	< 0,001
	23	56,69	< 0,001
	24	59,05	< 0,001
links	17	49,84	< 0,001
	18	62,52	< 0,001
	19	55,31	< 0,001
	20	35,98	< 0,001
	21	49,57	< 0,001
	22	70,17	< 0,001
	23	38,74	< 0,001
	24	99,22	< 0,001

Abkürzungen: F = Prüfgröße, P = Irrtumswahrscheinlichkeit

4.3 Seitenvergleich: Unterschiede zwischen rechts und linksseitiger Temperaturmessung

In diesem Kapitel werden die Ergebnisse zum Seitenvergleich der Temperaturmessungen auf rechter und linker Körperseite dargestellt. Sie werden folglich für jede der drei besprochenen Messmethoden separat dargelegt.

4.3.1 Unterschiede zwischen rechter und linker Messung der oralen Temperatur

Tabelle 6 zeigt die mittleren oralen Temperaturwerte mit SD, die jeweils rechts und links an den acht verschiedenen Messzeitpunkten gemessen wurden.

Tabelle 6. Deskriptive Darstellung der oralen Temperaturwerte auf der rechten und linken Körperseite bei 29 Frauen.

Messzeitpunkt	**Seite**	**Temperatur (°C)**	
		Mittelwert	SD
17 Uhr	rechts	36,65	0,26
	links	36,68	0,32
18 Uhr	rechts	36,71	0,23
	links	36,79	0,27
19 Uhr	rechts	36,67	0,25
	links	36,74	0,24
20 Uhr	rechts	36,68	0,27
	links	36,72	0,31
21 Uhr	rechts	36,68	0,31
	links	36,73	0,36
22 Uhr	rechts	36,65	0,37
	links	36,67	0,34
23 Uhr	rechts	36,56	0,27
	links	36,58	0,40
24 Uhr	rechts	36,51	0,22
	links	36,54	0,27

Abkürzung: SD = Standardabweichung

Wie aus Tabelle 6 ersichtlich ist, unterscheiden sich alle an einem Messzeitpunkt gemessenen Mittelwerte der rechten und linken Körperseite voneinander. Dabei fällt auf, dass die linke Temperaturmessung an allen Zeitpunkten einen höheren Mittelwert als die rechte Messung aufweist. In Hinblick auf die SD, wird die höhere bei der Mehrheit der Messungen ebenso von der Temperatur der linken Seite gebildet. Nur an zwei Zeitpunkten (19 und 22 Uhr) ist die SD der linken Messung niedriger als die auf der rechten Seite.

Abbildung 12 veranschaulicht grafisch die unterschiedlichen oralen Temperaturmessungen auf der rechten und linken Körperseite und stellt sie als Temperaturkurven dar.

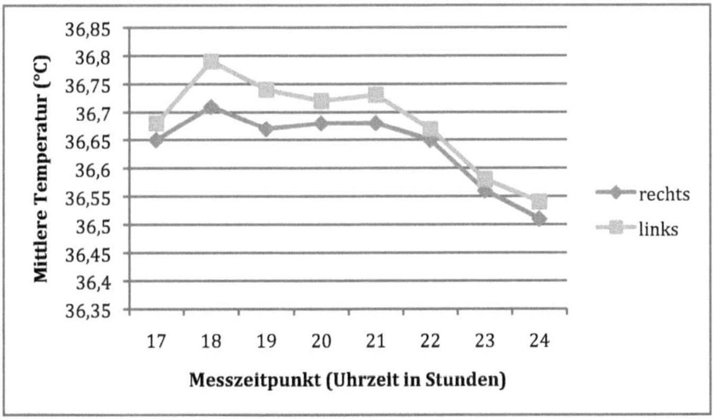

Abbildung 12. Orale Temperaturkurven, gemessen auf der rechten und linken Körperseite von 29 Probandinnen.

Tabelle 7 zeigt die Befunde des t-Tests für verbundene Stichproben zur Überprüfung der beobachteten Seitenunterschiede der oralen Messwerte auf statistische Signifikanz. Anhand der Irrtumswahrscheinlichkeit lässt sich feststellen, dass nur der Mittelwertsunterschied um 18 Uhr zwischen rechter und linker Messung signifikant verschieden ist (in der Tabelle grau hinterlegt). Alle anderen gemessenen Seitenunterschiede statistisch nicht signifikant verschieden und sind somit als zufällig anzusehen.

Tabelle 7. Seitenunterschiede der oralen Temperaturmittelwerte zwischen rechter und linker Messung, analysiert mit dem t-Test nach Student (29 Frauen).

Messzeitpunkt	t	P
17 Uhr	-0,674	0,506
18 Uhr	-2,191	*0,037*
19 Uhr	-2,008	0,054
20 Uhr	-1,301	0,204
21 Uhr	-1,387	0,176
22 Uhr	-0,735	0,486
23 Uhr	-0,295	0,770
24 Uhr	-1,008	0,322

Abkürzungen: t = Prüfgröße, P = Irrtumswahrscheinlichkeit

4.3.2 Unterschiede zwischen rechter und linker Messung der tympanalen Temperatur

Tabelle 8 stellt die tympanalen Temperaturmittelwerte der rechten und linken Messungen an den acht Messzeitpunkten mit SD dar.

Tabelle 8. Deskriptive Darstellung der tympanalen Temperaturwerte auf der rechten und linken Körperseite bei 29 Frauen.

Messzeitpunkt	Seite	Temperatur (°C)	
		Mittelwert	SD
17 Uhr	rechts	36,79	0,35
	links	36,91	0,31
18 Uhr	rechts	36,83	0,31
	links	36,87	0,37
19 Uhr	rechts	36,86	0,28
	links	36,92	0,29
20 Uhr	rechts	36,84	0,28
	links	36,89	0,31
21 Uhr	rechts	36,85	0,31
	links	36,89	0,31
22 Uhr	rechts	36,81	0,30
	links	36,85	0,29
23 Uhr	rechts	36,73	0,30
	links	36,74	0,32
24 Uhr	rechts	36,68	0,23
	links	36,70	0,29

Abkürzung: SD = Standardabweichung

Es ist erkennbar, dass sich die rechten und linken Messwerte der jeweiligen Zeitpunkte stets voneinander unterscheiden. Dabei liegt der Temperaturwert der linken Körperseite zu jedem der acht Messzeitpunkte höher als der jeweilige Mittelwert, der auf der rechten Seite gemessen wurde. Die SD jedoch fällt im Gegensatz zu den Mittelwerten weniger regelmäßig aus. Während die Messungen auf der linken Körperseite zumeist die höhere SD aufweisen (18, 19, 20, 23 und 24 Uhr), findet sich an zwei Messzeitpunkten (17 und 22 Uhr) die höhere SD bei den rechten Messungen. Um 21 Uhr zeigen rechte und linke Temperatur die gleiche SD (0,31°C).

Abbildung 13 zeigt die tympanalen Temperaturmittelwerte der rechten und linken Körperseite als Kurven zwischen 17 und 24 Uhr.

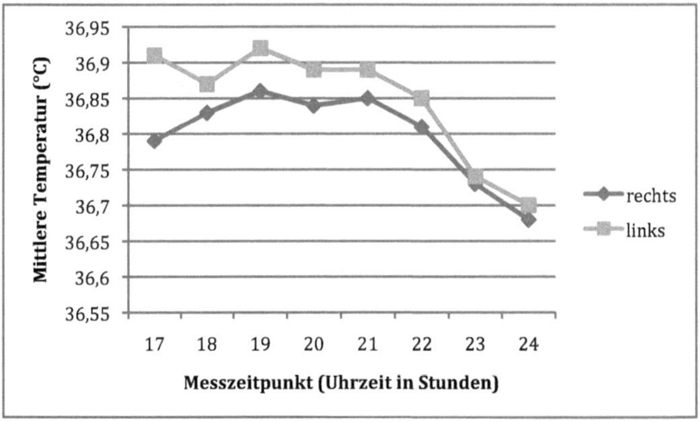

Abbildung 13. Tympanale Temperaturkurven, gemessen auf der rechten und linken Körperseite von 29 Probandinnen.

Wie aus Tabelle 9 zu erkennen ist, liegt der einzige signifikante Temperaturunterschied zwischen rechter und linker Messung um 17 Uhr vor (in der Tabelle grau hinterlegt). Die Seitenunterschiede an allen weiteren Messzeitpunkten sind als nicht signifikant und zufällig anzusehen.

Tabelle 9. Seitenunterschiede der tympanalen Temperaturmittelwerte zwischen rechter und linker Messung, analysiert mit dem t-Test nach Student (29 Frauen).

Messzeitpunkt	t	P
17 Uhr	-2,282	*0,030*
18 Uhr	-1,189	0,244
19 Uhr	-1,630	0,114
20 Uhr	-1,797	0,083
21 Uhr	-0,919	0,366
22 Uhr	-1,388	0,176
23 Uhr	-0,347	0,731
24 Uhr	-0,548	0,588

Abkürzungen: t = Prüfgröße, P = Irrtumswahrscheinlichkeit

4.3.3 Unterschiede zwischen rechter und linker Messung der axillaren Temperatur

Die ermittelten axillaren Temperaturmittelwerte der rechten und linken Körperseite an acht Messzeitpunkten mit SD sind in Tabelle 10 dargestellt.

Tabelle 10. Deskriptive Darstellung der axillaren Temperaturwerte auf der rechten und linken Körperseite bei 29 Frauen.

Messzeitpunkt	Seite	Temperatur (° C)	
		Mittelwert	SD
17 Uhr	rechts	35,94	0,51
	links	35,64	0,78
18 Uhr	rechts	36,13	0,38
	links	35,84	0,60
19 Uhr	rechts	36,19	0,46
	links	36,00	0,60
20 Uhr	rechts	36,26	0,42
	links	36,10	0,64
21 Uhr	rechts	36,26	0,50
	links	36,18	0,53
22 Uhr	rechts	36,23	0,35
	links	36,08	0,50
23 Uhr	rechts	36,11	0,45
	links	36,02	0,55
24 Uhr	rechts	36,05	0,44
	links	35,93	0,42

Abkürzung: SD = Standardabweichung

Wie aus Tabelle 10 ersichtlich ist, unterscheiden sich die an einem Messzeitpunkt ermittelten Werte der rechten und linken Seite voneinander. Dabei ist festzustellen, dass die Mittelwerte der linken Körperseite im Gegensatz zu den Werten der oralen und tympanalen Thermometrie stets niedriger liegen als die jeweiligen Mittelwerte der rechten Körperseite. Bezüglich der SD, wird die jeweils höhere außer an einem Messzeitpunkt (24 Uhr) stets von den Werten der linken Körperseite gebildet. Um 24 Uhr liegt die SD der rechten Seite etwas höher als die der linken Seite.

In Abbildung 14 sind die axillaren Temperaturmittelwerte der rechten und linken Messungen als Kurven zwischen 17 und 24 Uhr dargestellt.

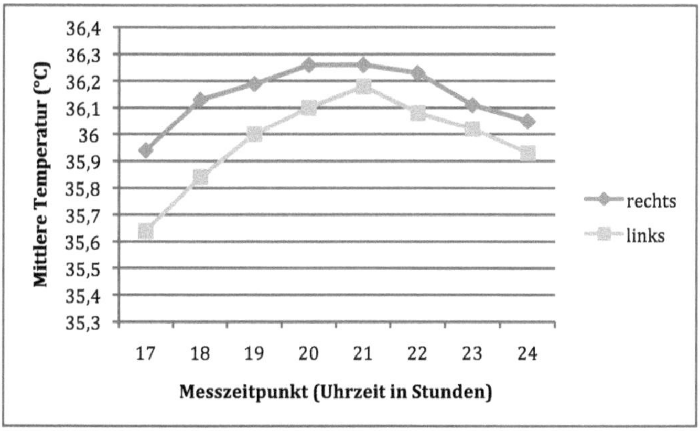

Abbildung 14. Axillare Temperaturkurven, gemessen auf der rechten und linken Körperseite.

Tabelle 11 zeigt, dass die axillaren Temperaturunterschiede zwischen den rechten und linken Mittelwerten an vier Zeitpunkten signifikant voneinander verschieden sind (17, 18, 19 und 22 Uhr, in Tabelle grau hinterlegt). An den restlichen Messzeitpunkten sind die Werte nicht signifikant verschieden und somit als zufällig anzusehen.

Tabelle 11. Seitenunterschiede der axillaren Temperaturmittelwerte zwischen rechter und linker Messung, analysiert mit dem t-Test nach Student (29 Frauen).

Messzeitpunkt	t	P
17 Uhr	2,163	*0,039*
18 Uhr	3,118	*0,004*
19 Uhr	2,291	*0,030*
20 Uhr	1,719	0,097
21 Uhr	1,198	0,241
22 Uhr	2,440	*0,021*
23 Uhr	1,400	0,173
24 Uhr	1,738	0,093

Abkürzungen: t = Prüfgröße, P = Irrtumswahrscheinlichkeit

5 Diskussion

5.1 Messortvergleich der oral, tympanal und axillar ermittelten Temperaturwerte

Die vorgenommenen Untersuchungen zeigten, dass die Messwerte der drei unterschiedlichen Methoden an allen acht Messzeitpunkten zwischen 17 und 24 Uhr hochsignifikant verschieden waren (siehe Tabelle 5). Dieses Ergebnis bestätigt den allgemeinen Konsens darüber, dass die Messmethode und der Messort bei der Einschätzung der KKT unbedingt mit einbezogen werden muss (Erickson & Kirklin 1993, Sund-Levander *et al.* 2002, Daanen 2006, Hooper & Andrews 2006, Mangat *et al.* 2010).

Erstes der beiden Ziele der vorliegenden Arbeit war es, herauszufinden, ob und inwiefern sich die orale, tympanale und axillare Thermometrie in Bezug auf die gemessenen Werte zwischen 17 und 24 Uhr voneinander unterscheiden. Im Folgenden wird zunächst auf die Ergebnisse bezüglich der Mittelwertsunterschiede eingegangen und diese mit den Befunden der Fachliteratur verglichen und diskutiert. Anschließend erfolgt die Besprechung der Ergebnisse in Hinblick auf die Variabilität der Messwerte, welche ebenso den Erkenntnissen der Literatur gegenübergestellt werden.

5.1.1 Vergleich der Mittelwerte

Die oral gemessenen Mittelwerte variieren in einem Temperaturbereich von 36,52°C bis 36,75°C. Dieser Bereich liegt innerhalb des tympanal ermittelten Mittelwertbereiches von 36,69°C bis 36,89°C. Die axillaren Temperaturmittelwerte liegen niedriger (35,79°C bis 36,22°C) und damit außerhalb der oral und tympanal gemessenen Bereiche. Diese Ergebnisse decken sich nur eingeschränkt mit den Befunden aus der Fachliteratur. In der Literaturauswertung von Sund-Levander *et al.* (2002) (vgl. Tabelle 1) liegt der Mittelwert der oralen Thermometrie für Frauen bei 36,2°C mit einem mittleren Variationsbereich von 33,2°C bis 38,1°C. Zum einen ist dieser Mittelwert niedriger und befindet sich somit außerhalb des in den vorliegenden Untersuchungen festgestellten Temperaturbereiches und zum anderen weisen die von Sund-Levander *et al.* (2002) ermittelten Werte eine viel größere Variation auf als die vorliegenden Ergebnisse. Ursache dieser Diskrepanz könnte sowohl eine unterschiedliche Stichprobengröße als auch vermutlich eine Vielzahl verschiedener Methoden sein, die zur Bestimmung der oralen Temperatur in den 37 Datensätzen der Literaturauswertung genutzt wurde. Ebenso ist eine Beeinflussung durch mehr Messzeitpunkte zu unterschiedlichen Tageszeiten sowie durch verschiedene Altersgruppen der Probanden denkbar.

Der Mittelwert der tympanalen Thermometrie für Frauen wurde von Sund-Levander *et al.* (2002) auf einen Wert von 37,0°C beziffert. Der entsprechende mittlere Variationsbereich umfasst eine Spanne von 36,8°C bis 37,1°C. Im Vergleich zu den Ergebnissen der vorliegenden Untersuchungen liegt der tympanale Mittelwert von Sund-Levander *et al.* (2002) zwar höher, dennoch befinden sich die Variationsbereiche im Gegensatz zu den Variationsbereichen der oralen Thermometrie in relativ vergleichbaren Dimensionen. Als Ursachen für die von der Literaturauswertung abweichenden Ergebnisse könnten neben unterschiedlichen Methoden und weiteren Messzeitpunkten zum Beispiel die Qualität der verwendeten Geräte (Devrim *et al.* 2007, Smitz *et al.* 2009), die Messtechnik (Smitz *et al.* 2009), die Morphologie des Gehörgangs (Heusch & McCarthy 2005) sowie Einflüsse durch Haare oder Ohrenschmalz (Daanen 2006) verantwortlich sein. Zu der Qualität des in dieser Arbeit verwendeten Geräts Braun ThermoScan® lässt sich allerdings sagen, dass Purssell *et al.* (2009) dieses in ihrer Studie ebenfalls nutzten und es anschließend als verlässlich beschrieben. Da in den vorliegenden Untersuchungen die Temperatur beider Ohren gemessen wurde, können etwaige Einflüsse durch Seitendifferenzen in dieser Studie ausgeschlossen werden. Die Haltung des Gerätes wurde als potenzieller Faktor insofern weitestgehend minimiert, als das Thermometer stets mit der rechten Hand von der selben Person bedient wurde und somit der Winkel und die Distanz zwischen Messkopf und Trommelfell konstant gehalten wurden. Da es sich bei den Probandinnen um junge Frauen handelte, ist der Einfluss durch Haare im Gehörgang zu vernachlässigen, während jedoch Ohrenschmalz eine bedeutendere Rolle zukommt. Die Probandinnen wurden vor den Untersuchungen nicht darauf hingewiesen, ihre Ohren gründlich zu reinigen.

Da in der Literaturauswertung von Sund-Levander *et al.* (2002) für die axillare Thermometrie keine nach Geschlechtern aufgetrennten Mittelwerte vorliegen, muss für den Vergleich der kombinierte Mittelwert von Männern und Frauen herangezogen werden. Dieser liegt laut Sund-Levander *et al.* (2002) bei 36,3°C mit einem mittleren Variationsbereich von 35,5°C bis 37,0°C. Verglichen mit den Ergebnissen der vorliegenden Untersuchungen, liegen die axillaren Mittelwerte in ähnlichen Bereichen, wobei der Mittelwert von Sund-Levander *et al.* (2002) mit 36,3°C etwas oberhalb des Temperaturbereiches der in dieser Arbeit ermittelten Mittelwerte liegt. Der von Sund-Levander *et al.* (2002) ausgewertete Variationsbereich bewegt sich ebenso auf einem etwas höheren Niveau mit einem maximalen Mittelwert von 37,0°C, während in diesen Untersuchungen lediglich ein axillar gemessener Mittelwert von 36,22°C erreicht wurde. Wie auch bei der oralen und tympanalen Thermometrie könnten verschiedene Methoden, mehr Messzeitpunkte zu verschiedenen Tageszeiten und die untersuchten Altersgruppen Ursache für die abweichenden Ergebnisse sein. Da es sich bei den Ergebnissen von Sund-Levander *et al.* (2002) um kombinierte Werte für beide Geschlechter handelt, ist hier auch eine Beeinflussung durch das Geschlecht denkbar.

Vergleicht man die im Rahmen dieser Arbeit ermittelten Werte der drei Messmethoden miteinander, so fällt auf, dass sich die oralen und tympanalen Mittelwerte in ähnlichen Bereichen bewegen, wobei die tympanale Temperatur stets um 0,1°C bis 0,18°C höher liegt als die orale Temperatur. Dieses Ergebnis stimmt zum Teil mit den Schlussfolgerungen von Jefferies *et al.* (2011) überein, die die tympanale Thermometrie mit der oralen Messmethode verglichen und dabei herausfanden, dass beide für die Bestimmung der KKT geeignet seien. Allerdings widerspricht das in dieser Arbeit ermittelte Verhältnis von oraler und tympanaler Temperatur den Beobachtungen von Rabinowitz *et al.* (1996). Sie fanden in ihrer Studie heraus, dass die orale Thermometrie Werte lieferte, die etwa 0,4°C über denen der tympanalen Thermometrie lagen. Diese abweichenden Ergebnisse könnten darauf beruhen, dass sowohl die orale als auch tympanale Messmethode fehleranfällig sind. So könnten die oral gemessenen Werte zum Beispiel durch vorheriges Ein- oder Ausatmen beeinflusst worden sein, während die tympanale Temperatur durch die oben genannten Faktoren verfälscht worden sein könnten. Auch die in dieser Arbeit eingebundene Beschränkung auf das weibliche Geschlecht könnte eine Ursache für die von Rabinowitz *et al.* (1996) abweichenden Ergebnisse sein. Die in den vorliegenden Untersuchungen axillar gemessenen Mittelwerte fallen deutlich aus dem oralen und tympanalen Bereich heraus und liegen an allen Messzeitpunkten viel niedriger. Diese Befunde bestätigen die Beobachtungen von Erickson und Kirklin (1993) und Kelly (2006), die in ihren Studien herausfanden, dass die axillare Temperaturmessmethode verglichen mit oralen und tympanalen Methoden die niedrigsten Werte liefert. Aus diesem Grund fehle laut Kelly (2006) auch der Parallelismus der axillaren zur oralen Temperatur. Diese Beobachtung kann von den Ergebnissen der vorliegenden Untersuchungen insofern bestätigt werden, als die axillare Temperatur um 21 Uhr 0,48°C bis 0,88°C um 17 Uhr unter dem entsprechenden oralen Temperaturwert liegt. Auch die Resultate von Singh *et al.* (2000) decken sich mit diesen Befunden. Sie ermittelten eine mittlere Temperaturdifferenz von 0,5°C zwischen oraler und axillarer Temperatur. Aufgrund der Ergebnisse dieser Studie lässt sich schlussfolgern, dass die axillare Thermometrie am stärksten von der tatsächlichen KKT abweichende Werte liefert. Dies stimmt mit den Befunden der Fachliteratur überein, die die axillare Messmethode zur

Bestimmung der KKT bei Erwachsenen größtenteils ablehnt (Edwards *et al.* 2002, Lefrant *et al.* 2003, El-Radhi & Barry 2006, Mangat *et al.* 2010).

5.1.2 Vergleich der Standardabweichungen und Variabilität der Einzelmessungen

In Bezug auf die SD, finden sich bei der oralen Thermometrie SD von 0,23°C bis 0,35°C, und so bilden die oralen Messungen zusammen mit den tympnalen die geringsten SD unter den drei Methoden. Die tympanale Thermometrie weist dabei SD im Bereich von 0,25°C bis 0,32°C auf. Die größte SD wird in diesen Untersuchungen jedoch stets von der axillaren Thermometrie aufgewiesen, welche eine Variationsbreite von 0,38°C bis 0,55°C zeigt. Diese Befunde decken sich mit den Ergebnissen aus der Fachliteratur, welche bei der axillaren Thermometrie verglichen mit anderen nicht-invasiven Methoden stets die variabelsten Werte beobachtete (Erickson & Kirklin 1993, Edwards *et al.* 2002, Lefrant *et al.* 2003, Nimah *et al.* 2006, Mangat *et al.* 2010). Nur eine Studie (Lawson *et al.* 2007) ergab eine größere SD bei den tympanalen Werten als bei den axillar gemessenen Werten. Die Verhältnismäßigkeit von oraler und tympanaler Messmethode bezüglich der SD wird in der Fachliteratur ebenso einstimmig dargestellt und stimmt daher mit den in dieser Arbeit ermittelten Ergebnissen überein. So ergaben zum Beispiel die Forschungen von Erickson & Kirklin (1993) bei der tympanalen Thermometrie eine größere SD als bei der oralen Methode.

Vergleicht man die Variabilität der Einzelmessungen der vorliegenden Untersuchungen miteinander, so weist die tympanale Thermometrie den kleinsten Bereich von 2,3°C zwischen Minimum und Maximum auf. Die orale Thermometrie folgt mit einem Variationsbereich von 3,0°C, während die axillaren Messungen mit 4,5°C die größte Variation aufweisen (vgl. Abbildung 11). Vergleicht man diese Befunde mit den Ergebnissen der Literaturauswertung von Sund-Levander *et al.* (2002), widersprechen sie den Resultaten der vorliegenden Untersuchungen jedoch in Bezug auf die Variabilität der Messwerte. So weist die orale Temperatur einen relativ großen Variationsbereich von 4,9°C (33,2°C bis 38,1°C) auf. Dies widerspricht der kleinen Variationsbreite, die die orale Thermometrie im Rahmen dieser Arbeit aufweist. Auch die Variabilität der axillaren Werte unterscheidet sich stark von den Befunden der vorliegenden Untersuchungen. So zeigt die axillare Temperatur bei Sund-Levander *et al.* (2002) einen mittleren Variationsbereich von 1,5°C (35,5°C bis 37,0°C), welcher im Vergleich zu dem relativ großen Bereich von 4,5°C, der in dieser Studie aufgewiesen wurde, sehr klein ist. Demnach bietet die Auswertung von Sund-Levander *et al.* (2002) genau die gegenteiligen Ergebnisse von dieser Arbeit: Die orale Thermometrie weist mit Abstand die größte Variabilität von den untersuchten Methoden auf, während die axillar gemessenen Werte einen vergleichsweise kleinen Variationsbereich zeigen Die Ursachen für diese gegenteiligen Befunde könnten wie oben bereits beschrieben unter anderem die unterschiedlichen Stichprobengrößen sowie eine Vielzahl von verschiedenen Methoden sein. Außerdem kommt der große Variationsbereich innerhalb der oralen Thermometrie eventuell dadurch zustande, dass hier ein größerer Datensatz ausgewertet wurde als in den Bereichen der anderen Thermometrien. Des Weiteren ist eine Beeinflussung durch das Geschlecht denkbar, da der Variationsbereich der axillaren Temperatur für beide Geschlechter kombiniert gilt, während der oral gemessene Variationsbereich nur für Frauen gültig ist.

5.1.3 Beurteilung der Temperaturwerte bezüglich des Abendprofils

Die *oral* gemessenen Temperaturwerte verlaufen zwischen 17 und 24 Uhr wie man es gemäß der circadianen Rhythmik erwartet (vgl. Kap. 1.2). Das Maximum wird mit 36,75°C am frühen Abend um 18 Uhr erreicht. In den darauffolgenden Stunden sinkt die orale Temperatur stetig ab, bis sie mit 36,52°C um 24 Uhr den geringsten Wert erreicht hat (siehe Tabelle 4 und Abbildung 9). Demnach entspricht der ermittelte orale Temperaturverlauf an den acht Messzeitpunkten im Abendprofil dem typischen Tagesverlauf der KKT (siehe Abbildung 4). Da davon ausgegangen werden kann, dass die orale Temperatur im weiteren Verlauf nach Untersuchungsschluss um 24 Uhr weiter abgesunken wäre, ist eine Temperaturdifferenz von 0,8°C bis 1°C zwischen Maximum und Minimum, wie sie von Del Bene (1990) und Baker *et al.* (2001) angegeben wird, durchaus denkbar.

Das Abendprofil der gemessenen *tympanalen* Temperatur verläuft mit einer kleinen Ausnahme ebenso gemäß der zu erwarteten circadianen Rhythmik der KKT. Das Maximum wird mit 36,89°C um 19 Uhr erreicht (siehe Tabelle 4 und Abbildung 9). Es sollte laut Kelly (2006) zwischen 16 und 21 liegen und somit befindet es sich innerhalb der zu erwarteten Zeitspanne. Obwohl die tympanale Temperatur nach dem Maximum zunächst wie erwartet absinkt, unternimmt sie um 21 Uhr jedoch unüblicherweise einen leichten Anstieg von 0,01°C (von 36,86°C auf 36,87°C) (siehe Tabelle 4 und Abbildung 9). Da es sich hierbei um aufgerundete Mittelwerte handelt, und die verwendeten Thermometer zudem lediglich auf eine Nachkommastelle genau messen, sollte dieser minimale Anstieg jedoch vernachlässigbar sein. In den darauffolgenden Stunden von 22 bis 24 Uhr sinkt die tympanale Temperatur wie erwartet stetig ab, bis sie mit 36,69°C um 24 Uhr das Minimum innerhalb der Untersuchungen erreicht hat. Somit verläuft die tympanale Temperatur im Abendprofil des untersuchten Zeitraums gemäß der Tagesrhythmik der KKT. Im Gegenspruch dazu fanden Edwards *et al.* (2002) in ihrer Studie, dass die tympanale

Temperatur zur Untersuchung des circadianen Rhythmus nicht geeignet sei, weil sie dem Verlauf der oralen Temperatur nicht genügend ähnle, was sich in diesen Untersuchungen jedoch anders darstellte.

Die *axillar* ermittelten Temperaturwerte verlaufen im Vergleich zu den Verläufen der anderen zwei Messmethoden sehr abweichend. Das Temperaturminimum ist mit 35,79°C bereits zu Beginn der Untersuchungen um 17 Uhr erreicht. Im Verlauf des Abends steigt die axillare Temperatur deutlich um insgesamt 0,43°C bis zu einem Maximum von 36,22°C um 21 Uhr an. In den anschließenden zwei Stunden sinkt sie dann wieder fast ebenso stark ab (siehe Tabelle 4 und Abbildung 9). Dieser von oralem und tympanalem Temperaturverlauf abweichende axillare Verlauf widerspricht den Befunden von Edwards *et al.* (2002) und Thomas *et al.* (2004), welche unabhängig voneinander beobachteten, dass auch die axillare Temperatur, wenn auch mit niedrigeren Werten als die KKT und etwas zeitversetzt, in den Abend- und Nachtstunden zwischen etwa 18 und 5 Uhr absinkt. Ursache für die von dieser Studie unterschiedlichen Ergebnisse könnte vermutlich die methodische Vorgehensweise sein. Edwards *et al.* (2002) trafen in ihrer Arbeit viel mehr Vorkehrungen (wie z.B. Wiederholungsmessungen an 13 Tagen, ein absolut identischer Messort durch einen fixierten Sensor, Wärmeisolierung etc.) um äußere Einflüsse auf die axillare Temperatur zu minimieren. Aufgrund dieser Methodik sollten die Befunde von Edwards *et al.* (2002) als sehr genau angesehen werden, während die Ergebnisse der vorliegenden Untersuchungen mit Vorsicht interpretiert werden sollten.

5.2 Seitenvergleich der Werte von rechts- und linksseitiger Temperaturmessung

5.2.1 Orale Thermometrie

Wie aus Tabelle 7 ersichtlich ist, unterscheiden sich die oralen Temperaturwerte, die jeweils rechts und links gemessen wurden, nur an einem (18 Uhr) von acht Zeitpunkten statistisch signifikant voneinander. Diese Beobachtung stimmt überwiegend mit der von Erickson (1980) überein, die mit keinem Thermometer einen Temperaturunterschied zwischen rechter und linker oraler Messung feststellen konnte. Es gilt allerdings, aufgrund des signifikanten Unterschiedes an einem Zeitpunkt diesen Befund mit weiteren modernen Studien zu überprüfen.

Es fällt allerdings auf, dass die rechten Werte stets niedriger als die linken Werte liegen. Dieses regelmäßige Verhältnis könnte dadurch verursacht worden sein, dass die Reihenfolge von rechter und linker Messung bei allen Probandinnen festgelegt war. So sollte das Thermometer immer zuerst an die rechte Körperseite gehalten werden. Aus diesem Grund ist es durchaus möglich, dass das Thermometer zumindest jeweils bei der ersten Messung auf der rechten Seite noch durch die Zimmertemperatur beeinflusst war, während es bei auf der linken Seite schon durch die vorherige Messung auf der rechten Seite vorgewärmt war. Daher sollte bei einer Überprüfung der Daten mit weiteren Studien darauf geachtet werden, dass für rechte und linke Messung zwei separate Thermometer verwendet werden.

5.2.2 Tympanale Thermometrie

Tabelle 9 zeigt, dass der Temperaturunterschied zwischen rechter und linker tympanaler Messung einzig an einem (17 Uhr) der acht Zeitpunkte statistisch signifikant ist. Dieses Ergebnis deckt sich größtenteils mit den Befunden von Shenep *et al.* (1991) und Tsunoda *et al.* (1993), die keine signifikanten Seitendifferenzen zwischen rechter und linker tympanaler Temperatur feststellen konnten (vgl. Kap. 1.3.2). Die Beobachtungen von Heusch und McCarthy (2005), dass bei einer bestimmten mittleren Temperatur die rechts gemessene über der links gemessenen Temperatur liegt, und das Gegenteil bei einer weiteren definierten mittleren Ttemperatur vorliegt, konnten nicht bestätigt werden, da zu keinem Messzeitpunkt die mittlere tympanale Temperatur mehr als 0,4°C über oder unter 36,7°C lag. Laut Boyce *et al.* (2002) und Cherbuin und Brinkman (2007) hängen Seitenunterschiede innerhalb der tympanalen Thermometrie mit der Aktivität der Gehirnhälften zusammen. Da sich die Probandinnen dieser Forschung während der Untersuchungen mit Studienarbeiten beschäftigen durften, die teilweise auch kognitiv anstrengend gewesen sein können, ist eine Beeinflussung dadurch nicht auszuschließen. Ein Vergleich der Befunde dieser Arbeit kann aus dem selben Grund nicht mit den Ergebnissen von Landa *et al.* (2008) (vgl. Kap. 1.3.2) angestellt werden, da die Probandinnen nicht ausschließlich von kognitiv beanspruchenden Aufgaben fern waren.

Auffällig ist jedoch, dass der rechts ermittelte tympanale Temperaturwert wie auch bei der oralen Thermometrie stets niedriger als der linke Wert liegt. Ursache für dieses Ergebnis könnte der unterschiedliche Winkel zwischen Messkopf des Thermometers und Gehörgang sein. Da die tympanale Temperatur bei den vorliegenden Untersuchungen stets von der selben Person mit der rechten Hand gemessen wurde, könnte die Haltung des Geräts auf der rechten Körperseite einen ungünstigen Winkel verursacht haben, der zu niedrigeren Messwerten geführt hat.

5.2.3 Axillare Thermometrie

Aus Tabelle 11 ist erkennbar, dass an der Hälfte (17, 18, 19, 22 Uhr) der acht Messzeitpunkte statistisch signifikante Seitenunterschiede zwischen rechter und linker

Achsel vorliegen. Da dies ein eher kontroverses Ergebnis ist, sollten die Untersuchungen unter verbesserten Bedingungen wiederholt werden. Shenep *et al.* (1991) fand dagegen keine signifikanten Temperaturdifferenzen zwischen rechter und linker Achsel. Dies konnte mit den vorliegenden Untersuchungen weder bestätigt noch widerlegt werden. Die Arbeiten von Fulbrook (1997) und Singh *et al.* (2000) ergaben jedoch mittlere Temperaturunterschiede von 0,36°C bzw. 0 bis 1,9°C, wobei in der linken Achsel tendenziell höhere Werte gemessen wurden als in der rechten (vgl. Kap. 1.3.2). Während diese abweichenden Ergebnisse bei Fulbrook (1997) auf dem verwendeten Gerät beruhen könnten (es wurde ein chemisches Thermometer verwendet), könnten bei Singh *et al.* (2000) sowohl das Alter als auch das Geschlecht der Probanden für die unterschiedlichen Resultate verantwortlich sein. Generell lässt sich jedoch sagen, dass die axillare Thermometrie ohne fixierten Sensor, Wärmisolierung oder andere Vorkehrungen, die die äußeren Einflüsse minimieren, sehr fehleranfällig ist und somit verfälschte Befunde geliefert werden könnten.
Bei den axillaren Messungen fällt auf, dass im Gegensatz zur oralen und tympanalen Thermometrie die rechten Werte stets höher als die linken Temperaturwerte liegen. Da die Probandinnen sich während der Untersuchungen sitzend beschäftigten und nicht explizit darauf hingewiesen wurden, beide Oberarme eine definierte Zeit vor den Messungen fest am Körper zu halten, ist eine Beeinflussung der Werte durch Bewegung des Oberarms möglich.

5.3 Fehlerdiskussion

5.3.1 Zuverlässigkeit der Daten

Da die untersuchte Stichprobengröße mit 29 Probandinnen im Vergleich zu anderen durchgeführten Untersuchungen sehr klein ist, sollten die ausgewerteten Ergebnisse mit Vorsicht gedeutet werden. Ferner wurden keine Wiederholungsmessungen an weiteren Tagen ausgeführt, welche die Reproduzierbarkeit der Messmethoden überprüft hätten. Hinzu kommt, dass es im Rahmen dieser Arbeit nicht möglich war, eine Referenzmethode, wie die rektale Thermometrie, Messungen der Ösophagustemperatur oder der Pulmonalarterie und Blase, hinzuzuziehen. Diese hätte die ermittelten Werte, wie auch in anderen Studien (Lawson *et al.* 2007, Calonder *et al.* 2010, Langham *et al.* 2009) auf ihre Gültigkeit bezüglich der KKT kontrolliert. Aus diesen Gründen sollte man bei der Interpretation behutsam mit den ermittelten Daten umgehen.

5.3.2 Probandinnen

Das Probandinnenkollektiv dieser Studie bestand ausschließlich aus jungen Frauen im Alter zwischen 20 und 29 Jahren. Somit handelte es sich bezüglich des Geschlechts und des Alters um eine homogene Gruppe, deren Daten vergleichbar sind. Dennoch sollte beachtet werden, dass die Messungen abhängige Datenpunkte lieferten, da die drei zu vergleichenden Methoden jeweils an der gleichen Person getestet wurden. Da die Stichprobe bezüglich der Verwendung von hormonellen Verhütungsmitteln und dem Grad der körperlichen Aktivität zufällig ausgewählt war und diese Einflussfaktoren zudem relativ gleichmäßig verteilt sind, kann eine Auswirkung dieser auf die Messwerte weitestgehend ausgeschlossen werden. Auch die Prä-/Testbedingungen und Raumbedingungen wurden konstant gehalten, sodass diese höchstens minimale Einflüsse auf die ermittelten Werte gehabt haben können.

5.3.3 Thermometrie

Die orale Thermometrie ist von den drei verwendeten Temperaturmessmethoden die wohl am wenigsten fehleranfälligste. Da die Messung in der Mundhöhle unter der Zunge stattfindet, ist Temperatur dieses Bereichs bei geschlossenem Mund durch äußere Einflüsse fast unbeeinflussbar. Allerdings kann die orale Temperatur durch die ein- und ausströmende Luft beim Sprechen oder Ein- und Ausatmen verfälscht werden (Schmidt & Lang 2007). Um diese Faktoren weitgehend zu minimieren, wurden die Probandinnen angewiesen, jeweils eine Viertelstunde vor der nächsten Messung den Mund geschlossen zu halten und durch die Nase zu atmen. Aufgrund dessen ist eine Verfälschung der Werte durch die oben genannten Faktoren auszuschließen. Ferner können kalte und warme Getränke und Speisen Auswirkungen auf die oral gemessenen Temperaturwerte haben (Heusch & McCarthy 2006). Da den Probandinnen das Essen und Trinken jeweils eine halbe Stunde vor der nächsten Messung untersagt war, können auch diese möglichen Einflüsse ausgeschlossen werden.

Die tympanale Thermometrie ist hingegen vielen Einflussfaktoren ausgesetzt (vgl. Kap. 1.3.2). Besonders wichtig für genaue Messwerte sind die richtige Handhabung des Thermometers sowie die korrekte Positionierung im Gehörgang. Somit könnten zum Beispiel die Morphologie der individuellen Gehörgänge, aber auch die Haltung des Thermometers die Messwerte verfälscht haben. So wurde die tympanale Temperatur, wie bereits oben beschrieben, von der selben Person mit der rechten Hand gemessen, wodurch zumindest auf einer Seite ein ungünstiger Messwinkel zustande gekommen sein kann. Da die tympanale Temperatur auch von der kognitiven Aktivität der Gehirnhälften abhängt (Boyce *et al.* 2002, Cherbuin & Brinkman 2007), könnte auch dies bei der Untersuchung Auswirkungen gehabt haben. Da die Probandinnen zu allen Messzeitpunkten aufrecht saßen, kann eine Beeinflussung durch das Liegen auf einem Kopfkissen ausgeschlossen werden (Fulbrook 1997).

Die axillare Thermometrie ist die wohl fehleranfälligste der untersuchten Methoden und wird von einer Studie sogar nur für Neugeborene in einem Inkubator mit konstanten Bedingungen empfohlen (El Radhi & Barry 2006). Zunächst sollte der Oberarm eine definierte Zeit fest am Körper liegen, damit Werte gemessen werden können, die der KKT nahe kommen (Heusch & McCarthy 2006), ansonsten kann es zu sehr langen Einstellungszeiten kommen. Dieser Einsflussfaktor wurde in dieser Untersuchung nicht berücksichtigt. Außerdem besteht die Möglichkeit, dass die Verdunstungskälte von Schweiß die Messergebnisse verfälscht. Es wurde versucht, diesen Faktor insofern zu umgehen, als die Probandinnen sich der Temperatur entsprechend kleiden oder entkleiden sollten. Ferner sollte das Thermometer stets an der selben Stelle in der Achselhöhle platziert werden, um genauere Werte zu erhalten. Auch dieser Faktor wurde in den Vorüberlegungen zu den Untersuchungen vernachlässigt und hätte durch Fixierung des Thermometers umgangen werden können.

5.4 Ausblick

Zunächst gilt es, die in diesen Untersuchungen erkannten potenziellen Messfehler durch weitere Maßnahmen und Bedingungen auszuschalten. Angesichts der in dieser Studie untersuchten kleinen Stichprobengröße sollte eine Vergleichsstudie mit einer größeren Anzahl von Probanden unternommen werden, um die Gültigkeit der Ergebnisse zu überprüfen. Da diese Untersuchungen auf weibliche Probandinnen eines relativ jungen Alters beschränkt waren, wäre außerdem eine Erweiterung und ein Vergleich mit männlichen Probanden sowie mit einer anderen Altersgruppe sinnvoll. Dies würde die Übertragbarkeit der Befunde auf weitere Probandenkollektive kontrollieren. Des Weiteren könnte man die Studie auf einen anderen Untersuchungszeitraum übertragen, wozu zum Beispiel ein Morgen- oder ein ganzes Tagesprofil erstellt werden könnte. Ebenso sind Wiederholungsmessungen der gleichen Probanden an weiteren Tagen denkbar, die die Reproduzierbarkeit der Messdaten prüfen würden. Zuletzt wäre ein Vergleich von zwei unterschiedlichen Gruppen möglich. So könnte man die Ergebnisse beispielsweise auf den Einfluss vom Grad der sportlichen Aktivität, der Händigkeit, Schlafqualität oder dem Chronotyp überprüfen.

6 Zusammenfassung

Ziel der vorliegenden Bachelorarbeit war es, die orale, tympanale und axillare Technik zur Messung der Körperkerntemperatur (KKT) bezüglich der Messwerte miteinander zu vergleichen. Ferner untersucht sie diese Methoden hinsichtlich lateraler Temperaturunterschiede.

Es wurde dafür die KKT von 29 weiblichen gesunden Probandinnen im Alter zwischen 20 und 29 Jahren mit den drei verschiedenen Methoden gemessen. Die Untersuchungen fanden jeweils von 17 bis 24 Uhr stündlich unter kontrollierten Umgebungsbedingungen statt. Für die Bestimmung der oralen und axillaren Temperaturen wurde das digitale Berührungsthermometer Thermoval®rapid der Firma Hartmann verwendet. Die tympanale Temperatur wurde mit dem Infrarot-Ohr-Thermometer ThermoScan® von Braun gemessen.

Die Untersuchungen ergaben, dass die Mittelwerte der drei Temperaturmessmethoden an allen Messzeitpunkten hochsignifikant verschieden waren. Die höchsten KKT-Werte erbrachte die tympanale Messmethode und die niedrigsten Werte die axillare Thermometrie. Demnach sind die Methoden bei der Einschätzung der KKT nicht austauschbar. Die orale Thermometrie lieferte insgesamt die Werte mit der geringsten SD. Die oral gemessenen Mittelwerte ähneln denen der tympanalen Thermometrie, jedoch wies letztere eine etwas höhere SD auf. Die axillare Temperatur lag stets um bis zu mehr als 1°C niedriger als die orale Temperatur und zeigte zudem die größte SD der Mittelwerte. Somit konnte der in der Literatur bestehende Konsens darüber, dass die axillare Thermometrie eine unzuverlässige Methode ist, bestätigt werden. Hinsichtlich des Abendprofils konnte gezeigt werden, dass die orale und tympanale Temperatur bis auf kleinste Ausnahmen parallel verliefen und im Laufe des Abends sanken, während die axillare Temperatur zunächst etwas länger anstieg bis sie am späteren Abend wieder absank. Das Temperaturmaximum wurde am frühesten bei der oralen Temperaturmessung erreicht (18 Uhr), etwa eine Stunde später bei der tympanalen Messung (19 Uhr) und deutlich später bei der axillaren Messung (21 Uhr). Nach dem Erreichen des Maximums fielen bei allen drei Messmethoden erwartungsgemäß die Mittelwerte bis 24 Uhr ab.

Hinsichtlich der Seitendifferenzen zwischen rechter und linker Messung ergaben die Untersuchungen, dass sowohl die orale als auch tympanale Thermometrie nur an einem von acht Zeitpunkten signifikante Seitenunterschiede zeigte. Orale Seitendifferenzen konnten in der Fachliteratur ebenso wenig beobachtet werden, während tympanale Seitenunterschiede in der Literatur teilweise kontrovers beschrieben werden. Die axillare Temperatur zeigte jedoch im Abendprofil an der Hälfte der Messzeitpunkte signifikante Unterschiede zwischen rechter und linker Achsel, wobei die rechte Seite stets höhere Werte ergab als die linke. Dieses Ergebnis sollte allerdings unter verbesserten Bedingungen geprüft werden, da einige Einflussfaktoren bisher unberücksichtigt blieben.

Literaturverzeichnis

Baker FC, Waner JI, Vieira EF, Taylor SR, Driver HS, Mitchell D (2001) Sleep and 24 hour body temperatures: a comparison in young men, naturally cycling women and women taking hormonal contraceptives. *The Journal of Physiology* 530: 565-574.

Blatteis CM (2011) Age-dependent changes in temperature regulation. *Gerontology* Epub.

Bock M, Hohlfeld U, von Engeln K, Meier PA, Motsch J (2005) The accuracy of a new infrared ear thermometer in patients undergoing cardiac surgery. *Canadian Journal of Anesthesia* 52: 1083-1087.

Boyce WT, Essex MJ, Alkon A, Smider NA, Pickrell T, Kagan J (2002) Temperament, tympanum, and temperature: four provisional studies of the biobehavioral correlates of tympanic membrane temperature asymmetries. *Child Development* 73: 718-33.

Burgess HJ, Crowley SJ, Gazda CJ, Fogg LF, Eastman CI (2003) Preflight adjustment to eastward travel: 3 days of advancing sleep with and without morning bright light. *Journal of Biological Rhythms* 18: 318-328.

Calonder EM, Sendelbach S, Hodges JS, Gustafson C, Machemer C, Johnson D, Reiland L (2010) Temperature measurement in patients undergoing colorectal surgery and gynecology surgery: a comparison of esophageal core, temporal artery, and oral methods. *Journal of Perianesthesia Nursing* 25: 71-78.

Cherbuin N, Brinkman C (2007) Sensitivity of functional tympanic membrane thermometry (fTMT) as an index of hemispheric activation in cognition. *Laterality* 12: 239-261.

Colwell CS (2011) Linking neural activity and molecular oscillations in the SCN. *Nature Reviews. Neuroscience* 12: 553-569.

Coso JD, Aguado-Jimenez R, Mora-Rodriguez R (2007) Infrared Tympanic Thermometry in a Hot Environment. *International Journal of Sports Medicine* 29: 713-718.

Crawford DC, Hicks B, Thompson MJ (2006) Which thermometer? Factors influencing best choice for intermittent clinical temperature assessment. *Journal of Medical Engineering and Technology* 30: 199-211.

Czeisler CA, Duffy JF, Shanahan TL, Brown EN, Mitchell JF, Rimmer DW, Ronda JM, Silva EJ, Allan JS, Emens JS, Dijk DJ, Kronauer RE (1999) Stability, precision, and near-24-hour period of the human circadian pacemaker. *Science* 284:2177-2181.

Daanen HAM (2006) Infrared tympanic temperature and ear canal morphology. *Journal of Medical Engineering and Technology* 30:224-234.

Del Bene VE (1990) Temperature. In: Walker HK, Hall WD, Hurst JW (Hrsg.) *Clinical Methods: The History, Physical, and Laboratory Examinations.* 3. Aufl. Boston: Butterworths, S. 990-994.

Devrim I, Kara A, Ceyhan M, Tezer H, Uludag AK, Cengiz AB, Yigitkanl I, Seçmeer G (2007) Measurement accuracy of fever by tympanic and axillary thermometry. *Pediatric Emergency Care* 23: 16-19.

Dollberg S, Rimon A, Atherton HD, Hoath SB (2000) Continuous measurement of core body temperature in preterm infants. *American Journal of Peritanology* 17: 257-264.

Duffy JF, Cain SW, Chang AM, Phillips AJ, Münch MY, Gronfier C, Wyatt JK, Dijk DJ, Wright KP Jr, Czeisler CA (2011) Sex difference in the near-24-hour intrinsic period of the human circadian timing system. *Proceedings of the national academy of sciences of the United States of America* 108:15602-15608.

Dzarr AA, Kamal M, Baba AA (2009) A comparison between infrared tympanic thermometry, oral and axilla with rectal thermometry in neutropenic adults. *European Journal of Oncology Nursing* 13: 250-254.

Edwards B, Waterhouse J, Reilly T, Atkinson G (2002) A Comparison of the suitabilities of rectal, gut, and insulated axilla temperatures for measurement of the circadian rhythm of core temperature in field studies. *Chronobiology International* 19: 579-597.

El-Radhi AS, Barry W (2006) Thermometry in paediatric practice. *Archives of Disease in Childhood* 91:351-356.

Erickson R (1980) Oral temperature differences in relation to thermometer and technique. *Nursing Research* 29:157-164.

Erickson RS, Kirklin SK (1993) Comparison of ear-based, bladder, oral, and axillary methods for core temperature measurement. *Critical Care Medicine* 21: 1528-1534.

Farnell S, Maxwell L, Tan S, Rhodes A, Philips B (2005) Temperature measurement: comparison of non-invasive methods used in adult critical care. *Journal of Clinical Nursing* 14:632-639.

Fulbrook P (1997) Core body temperature measurement: a comparison of axilla, tympanic membrane and pulmonary artery blood temperature. *Intensive and Critical Care Nursing: The Official Journal of the British Association of Critical Care Nurses* 13: 266-272.

Gerber AU (2006) Theorie und Praxis der klinischen Fiebermessung. Clinical thermometry - theory and critical approach. *Therapeutische Umschau* 63: 627-632.

Gubin DG, Gubin GD, Waterhouse J, Weinert D (2006) The circadian body temperature rhythm in the elderly: effect of single daily melatonin dosing. *Chronobiology International* 23: 639-658.

Hartgill TW, Bergersen TK, Pirhonen J (2011) Core body temperature and the thermoneutral zone: a longitudinal study of normal human pregnancy. *Acta Physiologica (Oxford, England)* 201: 467-474.

Heusch AI, McCarthy PW (2005) The patient: a novel source of error in clinical temperature measurement using infrared aural thermometry. *Journal of Alternative and Complementary Medicine* 11: 473-476.

Heusch AI, McCarthy PW (2006) The vagaries of ear temperature assessment. *Journal of Medical Engineering and Technology* 30: 242-251.

Hooper VD, Andrews JO (2006) Accuracy of noninvasive core temperature measurement in acutely ill adults: the state of the science. *Biological Research for Nursing* 8: 24-34.

Jefferies S, Weatherall M, Young P, Beasley R (2011) A systematic review of the accuracy of peripheral thermometry in estimating core temperatures among febrile critically ill patients. *Critical Care and Resuscitation* 13: 194-199.

Jensen BN, Jeppesen LJ, Mortensen BB, Kjærgaard B, Andreasen H, Glavind K (1994) The superiority of rectal thermometry to oral thermometry with regard to accuracy. *Journal of Advanced Nursing* 20: 660-665.

Kasper S, Sack DA, Wehr TA (1989) Therapeutischer Schlafentzug und Energiehaushalt. In: Pflug B, Lemmer B (Hrsg.) Chronobiologie und Chronopharmakologie. Stuttgart: Gustav Fischer Verlag, S. 53-79.

Kelly G (2006) Body temperature variability (Part 1): A review of the history of body temperature and its variability due to site selection, biological rhythms, fitness and aging. *Alternative Medicine Review* 11: 278-293.

Kirk D, Rainey T, Vail A, Childs C (2009) Infra-red thermometry: the reliability of tympanic and temporal artery readings for predicting brain temperature after severe traumatic brain injury. *Critical Care* 13: R81.

Klein G (1999) Der Abschied von der inneren Uhr: Ein Beitrag zur Chronobiologie. 1. Aufl. Butzbach-Griedel: Afra Verlag, 123 S.

Klinke R, Silbernagl S (2003) Lehrbuch der Physiologie. 4., überarb. Aufl. Stuttgart: Georg Thieme Verlag, 842 S.

Landa DC, Brasil-Neto JP, Boechat-Barros R, Uribe C (2008) Normative study of tympanic infrared thermometry: a non-invasive index of asymmetric cerebral activity. *Arquivos de Neuro-Psiquiatria* 66: 50-52.

Langham GE, Maheshwari A, Contrera K, You J, Mascha E, Sessler DI (2009) Noninvasive temperature monitoring in postanesthesia care units. *Anesthesiology* 111: 90-96.

Lawson L, Bridges EJ, Ballou I, Eraker R, Greco S, Shively J, Sochulak V (2007) Accuracy and precision of noninvasive temperature measurement in adult intensive care patients. *American Journal of Critical Care* 16: 485-496.

Lefrant JY, Muller L, Emmanuel Coussaye J, Benbabaali M, Lebris C, Zeitoun N, Mari C, Saïssi G, Ripart J, Eledjam JJ (2003) Temperature measurement in intensive care patients: comparison of urinary bladder, oesophageal, rectal, axillary, and inguinal methods versus pulmonary artery core method. *Intensive Care Medicine* 29: 414-418.

Lemmer B (1989) Chronopharmakologie – Grundlagen, Mechanismen und Aspekte für die Wirkungen von Antidepressiva. In: Pflug B, Lemmer B (Hrsg.) Chronobiologie und Chronopharmakologie. Stuttgart: Gustav Fischer Verlag, S. 11-37.

Mangat J, Standley T, Prevost A, Vasconcelos J, White P (2010) A comparison of technologies used for estimation of body temperature. *Physiological Measurement* 31: 1105-1118.

Mekjavic IB, Eiken O (2006) Contribution of thermal and nonthermal factors to the regulation of body temperature in humans. *Journal of Applied Physiology* 100: 2065-2072.

Modell JG, Katholi CR, Kumaramangalam SM, Hudson EC, Graham D (1998) Unreliability of the infrared tympanic thermometer in clinical practice: a comparative study with oral mercury and oral electronic thermometers. *Southern Medical Journal* 91: 649-654.

Montoya-Cabrera MA, Escalante-Galindo P, Flores-Alvarez E (1998) [Comparative study of tympanic and mercury thermometry in children][Artikel in Spanisch]. *Gaceta médica de México* 134: 9-14.

Muth CM, Shank E, Hauser B, Radermacher P, Groger M, Ehrmann U (2010) Infrared ear thermometry in water-related accidents - not a good choice. *The Journal of Emergency Medicine* 38: 417-421.

Nimah MM, Bshesh K, Callahan JD, Jacobs BR (2006) Infrared tympanic thermometry in comparison with other temperature measurement techniques in febrile children. *Pediatric Critical Care Medicine* 7:48-55.

Penzlin H (2005) Lehrbuch der Tierphysiologie. 7., überarb. Aufl. Jena: Gustav Fischer Verlag, 964 S.

Purssell E, While A, Coomber B (2009) Tympanic thermometry--normal temperature and reliability. *Paediatric Nursing* 21:40-43.

Rabinowitz RP, Cookson ST, Wassermann SS, Mackowiak PA (1996) Effects of anatomic site, oral stimulation, and body position on estimates of body temperature. *Archives of Internal Medicine* 156:777-780.

Rintamäki H (2007) Human responses to cold. *Alaska Medicine* 49: 29-31.

Schmidt RF (2001) Physiologie kompakt. 4., überarb. Aufl. Heidelberg: Springer-Verlag, 346 S.

Schmidt RF, Lang F (2007) Physiologie des Menschen. 30., überarb. Aufl. Heidelberg: Springer Medizin Verlag, 1030 S.

Shenep JL, Adair JR, Hughes WT, Roberson PK, Flynn PM, Brodkey TO, Fullen GH, Kennedy WT, Oakes LL, Marina NM (1991) Infrared, thermistor, and glass-mercury thermometry for measurement of body temperature in children with cancer. *Clinical Pediatrics* 30: 36-41; Diskussion 49.

Silbernagl S, Despopoulos A (2003) Taschenatlas der Physiologie. 6., überarb. Aufl. Stuttgart: Georg Thieme Verlag, 436 S.

Singh V, Sharma A, Khandelwal R, Kothari K (2000) Variation of axillary temperature and its correlation with oral temperature. *The Journal of the Association of Physicians of India* 48: 898-900.

Smitz S, Van de Winckel A, Smitz MF (2009) Reliability of infrared ear thermometry in the prediction of rectal temperature in older inpatients. *Journal of Clinical Nursing* 18: 451-456.

Stavem K, Saxholm H, Smith-Erichsen N (1997) Accuracy of infrared ear thermometry in adult patients. *Intensive Care Medicine* 23: 100-105.

Sund-Levander M, Forsberg C, Wahren LK (2002) Normal oral, rectal, tympanic and axillary body temperature in adult men and women: a systematic literature review. *Scandinavian Journal of Caring Sciences* 16:122-128.

Sund-Levander M, Grodzinsky E, Loyd D, Wahren LK (2004) Errors in body temperature assessment related to individual variation, measuring technique and equipment. *International Journal of Nursing Practice* 10: 216-223.

Thomas KA, Burr R, Wang SY, Lenz MJ, Shaver J (2004) Axillary and thoracic skin temperatures poorly comparable to core body temperature circadian rhythm: results from 2 adult populations. *Biological Research for Nursing* 5: 187-194.

Tsunoda R, Hentona H, Komatsuzaki A, Hata Y (1993) [Relationship between external auditory canal temperature and caloric nystagmus--the problem with the ordinary cold-warm caloric test][Artikel in Japanisch]. *Nihon Jibiinkoka Gakkai Kaiho* 96: 1933-1939.

Valle PC, Kildahl-Andersen O, Steinvoll K (1999) A Comparative Study of Infrared Tympanic Thermometry and Rectal Mercury Thermometry. *Scandinavian Journal of Infectious Diseases* 31: 105-106.

Wehr TA, Wirz-Justice A (1982) Circadian rhythm mechanisms in affective illness and in antidepressant drug action. *Pharmacopsychiatria* 15: 31-39.

Weiss M, Poeltler D, Gocka I (2006) Infrared Tympanic Thermometry for Neonatal Temperature Assessment. *Journal of Obstetric, Gynecologic & Neonatal Nursing* 23:798-804.

Elektronische Quellen

1 Technische Universität Ilmenau, Fachgebiet Licht
Vandahl C, Bieske K, Neuhäuser S, Schier C
http://www.lichtnet.de/licht/archiv/2009/licht07-08/a_tit04.html
(Stand 25.11.2011, 0:30 Uhr)

2 HARTMANN – Internetseite: http://za.hartmann.info/thermoval_monitoring.php
http://za.hartmann.info/images/thermoval_rapid_250.jpg
(Stand 30.11.2011, 14:30 Uhr)

3 Bedienungsanleitung-Braun-IRT-4520.pdf S. 3-6
http://www.delphin-apotheke-buesum.de/Datenblaetter/s0003-Bedienungsanleitung-Braun-IRT-4520.pdf
(Stand: 30.11.11 15.00)

4 Lehrstuhl für Methodenlehre und Evaluationsforschung
Prof. Dr. Rolf Steyer
www.metheval.uni-jena.de/get.php?f=1014
(Stand: 07.12.2011, 19:30 Uhr)

Anhang

Anhang 1. Datenbogen (verkleinert und gedreht).

Datenbogen — **Proband/in Nr. CP-.........**

Geschlecht: 1 ☐ männlich 2 ☒ weiblich Geburtsdatum: .... Alter: .... Jahre Datum:......./......./ 2011

Anthropometrie → *vorher: Schuhe ausziehen, schwere Kleidung ausziehen, Taschen entleeren (Geldbörse, Schlüssel etc.)*

Körpergewicht: .... kg Körperhöhe: .... cm Taillenumfang: .... cm Hüftumfang: .... cm

Abendprofil Körperkerntemperatur

MESSTECHNIK	**SEITE**	**MESSUNG (Doppelmess.)**	**MESSZEITPUNKT**							
			T17	**T18**	**T19**	**T20**	**T21**	**T22**	**T23**	**T24**
Temperatur, oral (°C)	rechts	1								
	links	1								
	rechts	2								
	links	2								
Temperatur, tympanal (°C)	rechts	1								
	links	1								
	rechts	2								
	links	2								
Temperatur, axillar (°C)	rechts	1								
	links	1								
	rechts	2								
	links	2								

Anhang 2. Fragebogen – Allgemeine Angaben (verkleinert).

Fragebogen – Allgemeine Angaben **Proband/in Nr. CP-............**

Datum:....../....../ 2011 Geschlecht: 1 ☐ männlich 2 ☒ weiblich

Geburtsdatum: .... Alter: .... Jahre

---

1. Wie ist Ihr **Familienstand ?**

   1 ☐ ledig 2 ☐ zusammenlebend/ verheiratet 3 ☐ verwitwet/ geschieden/ getrennt lebend

2. Welchen **Beruf** üben Sie momentan aus?

   1 ☐ Student/in 2 ☐ Hausfrau/mann 3 ☐ Angestellte/r

   4 ☐ Arbeiter/in 5 ☐ Beamte/r 6 ☐ Selbständige/r

3. **Zubettgehzeit**: Um wie viel Uhr gehen Sie normalerweise zu Bett? .... Uhr

4. **Aufstehzeit**: Um wie viel Uhr stehen Sie normalerweise auf? .... Uhr

5. **Schlafdauer aktuell**: Wie viele Stunden schlafen Sie normalerweise? .... Stunden

6. **Schlafdauer benötigt**: Wie viele Stunden benötigen Sie normalerweise an freien Tagen, um ausgeschlafen zu sein? .... Stunden

7. Wie sieht Ihre **körperliche Aktivität** aus?

   1 ☐ sehr bewegungsarm (kaum außer Haus)
   2 ☐ durchschnittlich bewegungsarm (Hausarbeit, Bürotätigkeit etc.)
   3 ☐ mäßig körperlich aktiv (Freizeitsport)
   4 ☐ stärker körperlich aktiv (mind. 3 Mal wöchentlich)
   5 ☐ Wettkampfsport (ca. 5 Mal wöchentlich)

8. Wann treiben Sie i.d.R. Sport? 1 ☐ vormittags 2 ☐ nachmittags 3 ☐ abends

9. **Rauchen** Sie? 0 ☐ nein 1 ☐ ja .... Zigaretten/Zigarren pro Tag

10. Nehmen Sie die Antibabypille ein? 0 ☐ nein 1 ☐ ja

    Wenn ja: Name der Antibabypille: ....

    Wirkstoffe der Antibabypille: ....

    ....

    (falls möglich, Beipackzettel oder Kopie davon beifügen)

11. Welche **Medikamente** nehmen Sie momentan ein?

    0 ☐ nehme kein Medikament ein 1 ☐ nehme Medikament(e) ein

    Name des Medikaments? *Wogegen nehmen Sie das Medikament ein?*

    ....

    ....

12. Welche akuten oder chronischen **Krankheiten** haben Sie momentan?

    0 ☐ habe keine Krankheit 1 ☐ habe Krankheit(en)

    Name der Krankheit(en)?

    ....

    ....

13. Der wievielte Tag Ihrer **Menstruation** ist heute (Bsp.: 1. Tag = 1. Tag der Monatsblutung): .... Tag